职业技能培训系列教材

防水工基本技能

高艳娇　李慧婷　赵树立　主编

中国林业出版社

图书在版编目(CIP)数据

防水工基本技能/高艳娇,李慧婷,赵树立主编.—北京:中国林业出版社,2009.7(2012.1 重印)
(职业技能培训系列教材)
ISBN 978-7-5038-5651-8

Ⅰ.防… Ⅱ.①高…②李…③赵… Ⅲ.建筑防水—工程施工—技术培训—教材 Ⅳ.TU761.1

中国版本图书馆 CIP 数据核字(2009)第 116407 号

出版:中国林业出版社(100009 北京西城区刘海胡同 7 号)
编者咨询 **E-mail**:13901070021@139.com **电话**:010-83283569
发行:新华书店北京发行所
印刷:北京中科印刷有限公司
印次:2012 年 1 月第 1 版第 5 次
开本:880mm×1230mm 1/32
印张:5.25
字数:150 千字
定价:12.00 元

前　言

职业技能培训是提高劳动者知识与技能水平、增强劳动者就业能力的有效措施。职业技能短期培训，能够在短期内使受培训者掌握一门技能，达到上岗要求，顺利实现就业。为了提高各行各业劳动者的知识与技能水平，增强其就业的能力，我们特意组织了全国各地一批长期在一线从事职业培训教学、富有经验的知名老师编写了这套职业技能培训教材。

本套教材是为了适应开展职业技能短期培训的需要、促进短期培训向规范化发展而编写的。该套教材以相应职业（工种）的国家职业标准和岗位要求为依据，根据上岗前职业培训的特点和功能，以基本概念和原理为主，突出针对性和实用性，理论联系实际，使读者一读就懂，一学就会。

这套教材适合于各级各类职业学校、职业培训机构在开展职业技能短期培训时使用。由于时间仓促和编写者的水平有限，书中错漏之处敬请读者批评指正，在此深表感谢。

编　者

2009 年 6 月

目　录

第一单元　防水工程分类及防水等级

建筑防水工程是保证建筑物及构筑物的结构不受水侵蚀，内部空间不受水危害的一项分部工程，在建筑工程中占有重要地位。

所谓防水工程，是指为防止地表水（雨水）、地下水、滞水、毛细管水以及人为因素引起的水文地质改变而产生的水渗入建筑物、构筑物或防止蓄水工程向外渗漏所采取的一系列结构、构造和建筑措施。

模块一　防水工程的分类与作用

一、防水工程的分类

防水工程按防水部位可划分为屋面防水、外墙防水、厕浴间防水、地下工程防水和构筑物防水。

防水工程按防水材料品种可划分为卷材防水、涂膜防水、密封材料防水、混凝土防水、粉状憎水材料防水和渗透剂防水。

二、防水工程的作用

1. 屋面防水

建筑物的屋面是经受雨水最直接、受水面积最大的部位。屋面防水的基本方法归纳起来只有两个字“排”、“防”。前者利用屋面坡度，将防水构件互相搭接铺盖，把屋面积水因势迅速排除，其作用是使渗漏的可能性减少到最小；后者利用防水材料，堵塞屋面防水构件的缝隙，作用是可防止雨雪积水的渗漏。以上两种方法，一般情况下,"排"是主要的,当屋面具有一定坡度时,防水效果好,省工省料,比较经济,此时应以"排"为主,以"防"为辅。当屋面坡度很小时,因防水材料厚度的限制及爬水和毛细管现象的存在,此时屋面应以"防"为主。

根据多年来工程实践的总结,对屋面防水的设计施工原则归纳起来是:"防排结合,以防为主;多道防线,综合治理"。

2. 外墙防水

建筑物的外墙易被大雨、暴雨浇淋,传统的砖石结构墙体一般可以抵御这种侵袭。但当外墙采用各类预制装配式墙板防水时,因为墙板在安装后形成的水平和垂直拼装缝在接缝密封不严时水易渗入室内,因此各类墙板的接缝都需采取防水措施,克服渗漏隐患。此外,当屋顶檐口采用无组织排水,檐沟与水落管被堵塞或接口不严的情况下,往往导致雨水沿墙渗至墙面或墙体。再如,屋面构造节点部位的防水处理不当引起的渗漏,也会导致内墙面和顶层天花板出现潮湿、霉面、印水和渗水现象。

3. 厕浴间防水

厕浴间的防水部位主要是墙及地面。墙面一般采用铺贴瓷砖方法即可达到防水要求;而厕浴间地面的防水处理难度较大。安装上下水管道和卫生器具较多,不易保证节点部位的防水质量,是造成厕浴间地面渗漏率较高的重要原因。因此,厕浴间防水的重点是必须做好地面防水。

厕浴间防水工程的设计施工也适用于厨房、水箱间、给水泵房等,因此可通称为有水房间防水工程。

4. 地下室防水

建筑物的地下室因受地下水、地面雨水等侵入,需进行防水处理。防水方案主要依据常年地下水位的高低而决定。地下室的防水方案多采用防水混凝土的防水结构和设置外包封闭式附加防水层设施,即主体维护结构除采用防水混凝土外,再在其外围的迎水面作防水处理,属于两道防水设防。为安全起见,地下室的附加防水层宜做两道或三道防水设防，并以采用材料防水和构造防水、刚性防水和柔性防水相结合的方法最为可靠。

5. 构筑物防水施工

混凝土（含钢筋）结构的工业建筑物和构筑物，除地面、贮槽、污水处理池应设置防水层或防潮层外，设备基础（槽罐基础、机泵基础、支座基础等）、地沟（含排水沟、排风沟及缆线沟）、地坑（含化工贮槽地坑、集水坑）、室外管架、排风洞基础等也应设置防水层或防潮层。

工业建筑的防腐蚀设计工作中，对须进防护层保护的建筑物和构筑物的混凝土（含钢筋）结构层下，即与地下水和土壤接触的界面均设置了必要的防水层和防潮层，工程实践证明，设计设置防水层和防潮层混凝土结构防护层的应用状况良好。

模块二　防水等级

在进行建筑防水工程设计施工前，应根据建筑物或构筑物的类别和工程性质确定防水等级和设防要求，并据此制定防水方案和选择防水材料。

一、防水工程分等级的原因

1. 建筑物或构筑物的重要程度不同

防水等级主要是根据建（构）筑物的性质，重要程度、使用功能要求、结构特点和防水耐用年限来确定的。

所谓防水耐用年限，是指根据建（构）筑物等级所要求的防水层寿命，在该要求期限内不得发生渗漏。建（构）筑物的功能和重要程度不同，对防水的要求就不同，防水耐用年限也应不同，重要的建（构）筑物防水耐用年限应该比次要建（构）筑物长些，设防道数也多些。

根据我国当前的经济发展水平、建筑物使用功能和重要程度、当前防水材料的质量状况，以及防水层的工作条件和工作环境综合考虑后，我国规定了防水层合理使用年限。

2. 防水材料质量优劣悬殊

防水材料质量可分为高、中、低三等，高档的防水材料价格贵，耐久年限长，低档材料省钱，但不耐久。不同档次的防水材料应该于建(构)筑物等级合理、科学地匹配，既不浪费材料，又能保证防水质量。

重要的建(构)筑物使用低档的防水材料，三五年即老化，甚至当年就渗漏、返工，造成很大的损失。

次要建筑如果采用高档防水材料，高质量性能尚未发挥，建(构)筑物即到拆除时间，则会浪费材料。

二、屋面工程防水等级

我国《屋面工程质量验收规范》GB50207－2002，规定了按 25 年、15 年、10 年、5 年四种不同屋面防水等级的防水设计和施工要求，见表 1－1。

对表 1－1 的解释如下：

1. 屋面防水等级的划分

(1) Ⅰ级屋面防水工程为特别重要或对防水有特殊要求的建筑。如国家特别重要的纪念性建筑、国家外交和政治活动主要场所、国宾馆、国家级图书馆、档案馆、展览馆、博物馆等，对防水功能有特殊要求的工业厂房、科研试验楼等。这类建筑虽然为数不多，但性质重要，防水要求高，一旦发生渗漏或经常返修会造成不良的政治影响；保存的古籍、文物、档案造成损坏无法弥补；厂房和科研试验楼，一旦渗漏可能会造成燃烧、爆炸或昂贵设备损坏和报废，给国民经济造成重大损失。因此，要求其防水可靠性好，保证率高，设防层次多，选用材料性能好，相应的造价也高。

表 1—1　屋面防水等级和设防要求

项目	屋面防水等级			
	Ⅰ	Ⅱ	Ⅲ	Ⅳ
建筑物类别	特别重要的民用建筑和对防水有特殊要求的工业建筑	重要的工业与民用建筑、高层建筑	一般的工业与民用建筑	非永久性的建筑
防水层耐用年限	25 年	15 年	10 年	5 年
防水层选用材料	宜选用合成高分子卷材、高聚物改性沥青防水卷材、合成高分子防水涂料、细石防水混凝土等材料	宜选用高聚物改性沥青防水卷材、合成高分子防水卷材、合成高分子防水涂料、高聚物改性沥青防水涂料、细石防水混凝土，平瓦等材料	应选用三毡四油沥青防水卷材、高聚物改性沥青防水卷材、合成高分子防水卷材、高聚物改性沥青防水涂料、合成高分子防水涂料、沥青基防水涂料、刚性防水层、平瓦、油毡瓦等材料	可选用二毡三油沥青防水卷材、高聚物改性沥青防水涂料、沥青基防水涂料、波形瓦等材料
设防要求	三道或三道以上防水设防，其中应用一道合成高分子防水卷材，且只能有一道厚度不小于 2mm 的合成高分子防水涂膜	二道防水设防，其中应有一道卷材，也可采用压型钢板进行一道设防	一道防水设防，或两种防水材料复合使用	一道防水设防

(2) Ⅱ级屋面防水工程为重要的建筑和高层建筑。重要的建筑指博物馆、图书馆、宾馆、医院、机场、车站、重要的教学科研楼等

公共建筑和10层以上的高层建筑、超高层建筑，以及重要的工业厂房、仓库和对防水要求较高的厂房和仓库，一旦渗漏可造成设备损坏、产品报废或使室内污染而损坏高级装饰和影响生产，这个等级的建筑越来越多，要求用较好的防水材料，进行二道设防。

(3)Ⅲ级屋面防水工程为一般的建筑。它指一般住宅、办公楼、学校、商店、旅馆、车站和一般的工业厂房和仓库，这是一个量大面广的等级，它的耐用等级规定为10年，可以采用单道设防，因此保证率较低，但是由于当前我国的经济水平，如再提高设防档次就会较大幅度的提高工程造价，因此在采用一道防水设防时应强调采用复合防水，加强节点设防层次，以提高防水可靠性。

(4)Ⅳ级屋面防水工程指非永久性建筑和采取临时防水措施的建筑，耐用年限规定为5年，对材料要求较低。

2. 防水层的材料厚度

一种防水材料能够独立成为防水层的称之为一道。如采用多层沥青防水卷材的防水层(三毡四油或二毡三油)称为一道。根据建筑物重要程度采用多道防水设防，即指不同类别的防水材料复合使用。这样可以做到各道防水设防互补，增加防水安全度，满足防水层耐用年限的要求。值得重视的是，在多道防水设防时，其中每道卷材防水层及其胶结料的厚度或重量，对保证防水层的质量与耐用年限至关重要。一般来说，各类防水卷材产品都有厚度规格便于选用，但其使用的胶结料厚度则无规定。特别当采用涂膜防水作为一道防水设防时，有些涂料就需涂刷2～3遍，甚至更多遍，才能形成防水层。因而涂膜防水层以尽量采用厚质涂料为宜，这样既可减少工序，又易于保证涂膜的厚度。为此，对屋面防水层采用的各类防水材料不论是否复合使用，在设计时都应对其厚度作出规定。

3. 多道防水设防要求

采用多道防水设防，其中一道或两道设防必须使用柔性防水层；而另一道可用刚性防水层，如细石防水混凝土。防水等级为Ⅰ

级、Ⅱ级，宜选用高强度、高延伸性的柔性防水材料，如合成高分子防水卷材、高聚物改性沥青防水卷材、合成高分子防水涂料。防水等级为Ⅲ级，除可选用三毡四油沥青防水卷材和以上柔性防水材料外，还可采用刚性防水层。

屋面采用多道防水设防的设计原则：第一道防水层（下面）与第二道防水层（上面）使用的防水材料的材性必须相容。如防水层采用卷材与涂料复合使用时.应选用材性相容的防水材料。当第一道防水层与第二道防水层使用的防水材料的材性不相容时，以及为避免防水层与结构层、保护层之间因不同伸缩产生裂缝，应采取隔离（脱离）措施。如在柔性防水层与刚性防水层之间、柔性防水层与块体保护层之间、刚性防水层与结构层之间均应设隔离层。隔离材料一般使用蛭石粉、云母粉、滑石粉、细砂、纸筋灰、塑料薄膜或一层沥青防水卷材。在多种防水材料复合使用时，耐老化、耐穿刺的防水材料应铺设在最上面。

多道防水设防的组合举例见表1—2。

表1—2　多道防水设防组合举例

第一道防水层（下面）	第二道防水层（上面）
沥青防水卷材（二毡三油）	高聚物改性沥青防水卷材
高聚物改性沥青防水卷材	合成高分子防水卷材（空铺）
高聚物改性沥青防水涂料	高聚物改性沥青防水卷材
合成高分子防水涂料	合成高分子防水卷材
各类防水卷材、涂料	刚性防水材料
细石防水混凝土	彩色聚氨酯防水涂料

三、地下工程防水等级

地下工程修建在含水地层中，受到地下水的有害作用，还受到地面水的影响。如果没有可靠的防水措施，地下水就会渗入，不但影响地下工程实体的使用，而且会使混凝土主体结构产生腐蚀、钢筋锈蚀、地基下沉甚至被淹没，危及工程安全。因此，地下工程的防水设防要求极为严格。在修建地下工程时，应根据工程的水文地质情况、地质条件、施工方法、结构形式、防水标准、使用要求和技术经济指标等综合考虑防水方案。

1. 地下工程防水等级标准

我国制定的《地下防水工程质量验收规范》GB50208－2002将地下工程的防水等级分为四级，各级的标准见表1－3。

表1－3　地下工程防水等级标准

基本等级	标准
一级	不允许渗水，结构表面无湿渍
二级	不允许漏水，结构表面可有少量湿渍 工业与民用建筑：总湿渍面积不应大于总防水面积(包括顶板、墙面、地面)的1/1000；任意$100m^2$防水面积上的湿渍不超过1处，单个湿渍的最大面积不大于$0.1m^2$ 其他地下工程：总湿渍面积不应大于总防水面积的6/1000；任意$100m^2$防水面积上的湿渍不超过4处，单个湿渍的最大面积不大于$0.2m^2$
三级	有少量漏水点，不得有线宽和漏泥砂 任意$100m^2$防水面积上的漏水点数不超7处，单个漏水点的最大漏水量不大于2.5L/d，单个湿渍的最大面积不大于$0.3m^2$
四级	有漏水点，不得有线流和漏泥砂 整个工程平均漏水量不大于$2L(m^2 \cdot d)$；任意$100m^2$防水面积的平均漏水量不大于$4L(m^2 \cdot d)$

2. 不同防水等级地下防水工程的适用范围

地下工程的防水等级，应根据工程的重要性和使用中对防水的要求按表1－4选定。

表 1－4　不同防水等级的适用范围

防水等级	适用范围
一级	人员长期停留的场所；因有少量湿渍会使物品变质、失效的贮物场所及严重影响设备正常运转和危及工程安全运营的部位；极重要的战备工程
二级	人员经常活动的场所；在有少量湿渍的情况下不会使物品变质、失效的贮物场所及基本不影响设备正常运转和工程安全运营的部位；重要的战备工程
三级	人员临时活动的场所；一般战备工程
四级	对渗漏水无严格要求的工程

3．设防要求

（1）地下工程的设防要求，应根据使用功能、结构形式、环境条件、施工方法及材料性能等因素合理确定。

明挖法的防水设防要求应按表 1—5 选用。

表 1－5　明挖法地下工程防水设防

<table>
<tr><td colspan="2">工程部位</td><td colspan="6">主体</td><td colspan="5">施工缝</td><td colspan="4">后浇带</td><td colspan="7">变形缝、诱导缝</td></tr>
<tr><td colspan="2">防水措施</td><td>防水混凝土</td><td>防水砂浆</td><td>防水卷材</td><td>防水涂料</td><td>塑料防水板</td><td>金属板</td><td>遇水膨胀止水条</td><td>中埋式止水带</td><td>外贴式止水带</td><td>外抹防水砂浆</td><td>外涂防水涂料</td><td>膨胀混凝土</td><td>遇水膨胀止水条</td><td>外贴式止水带</td><td>防水嵌缝材料</td><td>中埋式止水带</td><td>外贴式止水带</td><td>可御式止水带</td><td>防水嵌缝材料</td><td>外贴防水卷材</td><td>外涂防水涂料</td><td>遇水膨胀止水条</td></tr>
<tr><td rowspan="4">防水等级</td><td>一级</td><td>应选</td><td colspan="5">应选 1～2 种</td><td colspan="5">应选 2 种</td><td>应选</td><td colspan="3">应选 2 种</td><td>应选</td><td colspan="6">应选 2 种</td></tr>
<tr><td>二级</td><td>应选</td><td colspan="5">应选 1 种</td><td colspan="5">应选 1～2 种</td><td>应选</td><td colspan="3">应选 1～2 种</td><td>应选</td><td colspan="6">应选 1～2 种</td></tr>
<tr><td>三级</td><td>应选</td><td colspan="5">应选 1 种</td><td colspan="5">应选 1～2 种</td><td>应选</td><td colspan="3">应选 1～2 种</td><td>应选</td><td colspan="6">应选 1～2 种</td></tr>
<tr><td>四级</td><td>宜选</td><td colspan="5">—</td><td colspan="5">宜选 1 种</td><td>应选</td><td colspan="3">宜选 1 种</td><td>应选</td><td colspan="6">宜选 1 种</td></tr>
</table>

暗挖法的防水设防要求应按表1—6选用。

表1—6 暗挖法地下工程防水设防

<table>
<tr><th colspan="2">工程部位</th><th colspan="4">主体</th><th colspan="5">内衬砌施工缝</th><th colspan="5">内衬砌变形缝、诱导缝</th></tr>
<tr><th colspan="2">防水措施</th><th>复合式衬砌</th><th>离壁式衬砌、衬套</th><th>贴壁式衬砌</th><th>喷射混凝土</th><th>外贴式止水带</th><th>遇水膨胀止水条</th><th>防水嵌缝材料</th><th>中埋式止水带</th><th>外涂防水涂料</th><th>中埋式止水带</th><th>外贴式止水带</th><th>可卸式止水带</th><th>防水嵌缝材料</th><th>遇水膨胀止水条</th></tr>
<tr><td rowspan="4">防水等级</td><td>一级</td><td colspan="3">应选1种</td><td rowspan="2"></td><td colspan="5">应选2种</td><td>应选</td><td colspan="4">应选2种</td></tr>
<tr><td>二级</td><td colspan="3">应选1种</td><td colspan="5">应选1～2种</td><td>应选</td><td colspan="4">应选1～2种</td></tr>
<tr><td>三级</td><td colspan="2" rowspan="2"></td><td colspan="2">应选1种</td><td colspan="5">宜选1～2种</td><td>应选</td><td colspan="4">宜选1种</td></tr>
<tr><td>四级</td><td colspan="2">应选1种</td><td colspan="5">宜选1种</td><td>应选</td><td colspan="4">宜选1种</td></tr>
</table>

(2)处于侵蚀性介质中的工程,应采用耐侵蚀的防水混凝土、防水砂浆、卷材或涂料等防水材料。

(3)处于冻土层中的工程,当采用混凝土结构时,其混凝土抗冻融循环能力不得少于1000次。

(4)结构刚度较差或受震动作用的工程,应采用卷材或涂料等柔性防水材料。

(5)具有自流排水条件的工程,应设自流排水系统;无自流排水条件的工程,应设机械排水系统。

(6)防水等级为一级时,除坚持混凝土结构自防水外,还应设置全外包柔性防水层,采用高聚物改性沥青防水卷材层,厚度宜用8mm;合成高分子橡胶防水卷材层厚度宜采用2.4mm;塑料类防水卷厚度不小于1.5mm;聚氨酯涂层成膜防水层厚度宜为3mm。防水等级为二级时,除坚持混凝土结构自防水外,还宜设置外包柔性防水层,若采用高聚物改性类防水卷材层厚度不应小于1.2mm;聚氨酯涂层成膜防水层厚度宜为2mm。防水等级为三级时,除坚持结构自防水外，还可设置外包柔性防水层一道，若采用高聚物改性沥青防水卷材层厚度宜为 4mm；合成高分子橡胶防水卷材层厚度宜采用 1.2mm；塑料类防水卷厚度宜为 1.0mm；聚氨酯涂层成膜防水层厚度宜为 1.5mm。防水等级为四级时，除强调做好结构自防水的同时，可根据需要局部设置柔性附加防水层，以加强整体结构的防水能力。

第二单元　常用施工机具

常用施工机具分为四大类，即：一般施工机具、热熔卷材施工机具、热焊卷材施工机具及修漏施工机具。

模块一　一般施工机具

一、小平铲（腻子刀）（图 2—1）

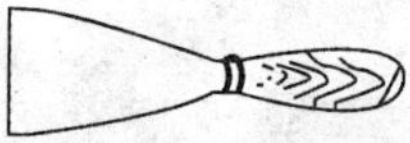

图 2—1　小平铲

铲有软硬两种。软性小平铲适用于调制弹性密封膏，硬性小平铲适用于清理基层。具体规格见表 2—1。

表 2—1　小平铲的规格

刃口宽度(mm)	25、35、45、50、65、75、90、100
刃口厚度(mm)	0.4(软性),0.6(硬性)

二、扫帚（图 2—2）

用于清扫基层，一般日用扫帚即可。

三、拖布（图 2—3）

用于清除基层灰尘，一般日用拖布即可。

图 2－2　扫帚

图 2－3　拖布

四、钢丝刷(图 2－4)

用于清除基层灰浆,可采用普通家用型。

五、皮老虎(图 2－5)

也叫皮风箱,用于清除接缝内灰尘,具体规格见表 2－2。

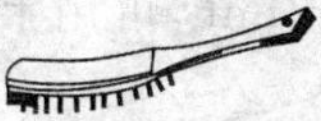

图 2－4　钢丝刷

图 2－5　皮老虎

表 2－2　皮老虎的规格

最大宽度(mm)	200、250、300、350

六、空气压缩机(图 2－6)

用于清除基层灰尘及进行热熔卷材施工,具体规格见表 2－3。

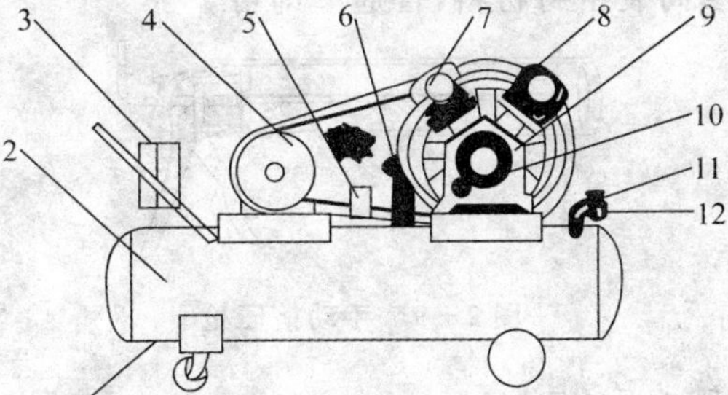

图 2－6　2V－0.6/7B 型空气压缩机外形示意图

1. 旋塞;2. 储气罐;3. 磁力起动器;4. 电动机;5. 压力传感接触器;6. 压力表;7. 消音过滤器;8. 油塞;9. 主机;10. 示油器;11. 安全阀;12. 截止阀

表 2—3　空气压缩机的规格

型号	排气量（m^3/min）	排气压力（MPa）	电机功率（kW）	外形尺寸（长×宽×高）(mm)
2V—0.6/7B	0.6	0.7	5.5	1600×500×1000
2V—0.3/7	0.3	0.7	3	930×570×600

七、铁桶、塑料桶（图 2—7）

用来装溶剂及涂料，普通家用型即可。

八、电动搅拌器（图 2—8）

用于搅拌糊状材料，转速为 200r/min，可用手电钻改制。

图 2—7　铁桶、塑料桶

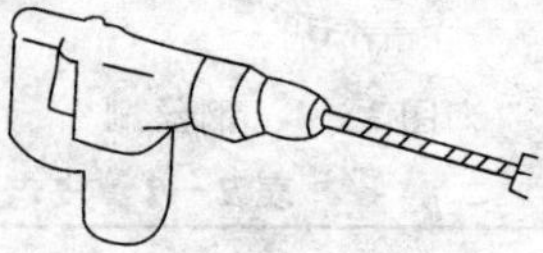

图 2—8　电动搅拌器

九、手动挤压枪（图 2—9）

用于嵌填筒装密封材料，普通型即可。

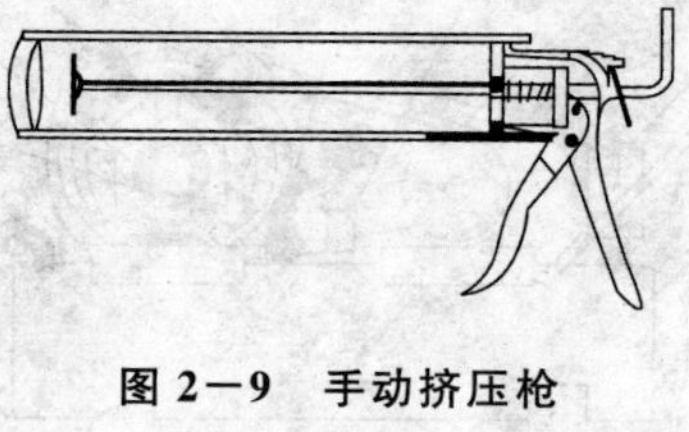

图 2—9　手动挤压枪

十、嵌填工具（图 2—10）

用于嵌填衬垫材料，可根据嵌缝深度用竹或木制成。

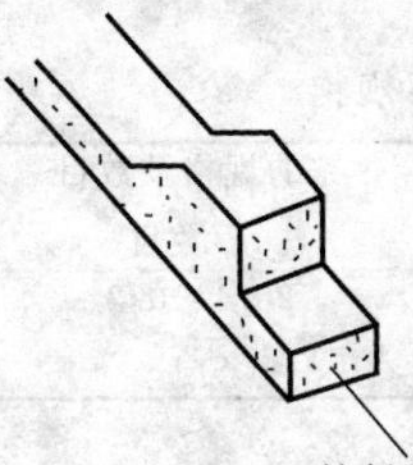

图 2—10　嵌填工具

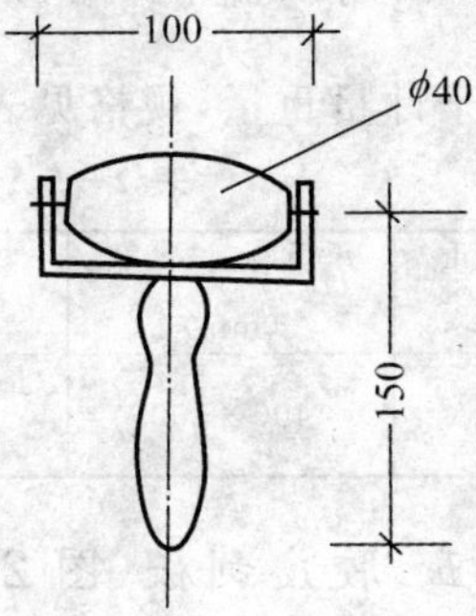

图 2—11　压辊

十一、压辊(图 2—11)

用于卷材施工压边,Ø40mm×100mm,钢制。

十二、油漆刷(图 2—12)

用于涂刷涂料,具体规格见表 2—4。

表 2—4　油漆刷的规格

宽度(mm)	13、19、25、38、50、63、75、88、100、125、150

十三、流动刷(图 2—13)

用于涂刷打底料、胶粘剂等。
规格为:Ø60mm×250mm、Ø60mm×125mm。

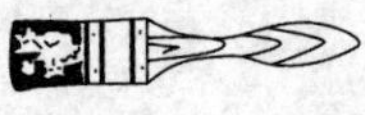

图2—12　油漆刷

图 2—13　流动刷

十四、磅秤(图 2—14)

用于计量重量,规格见表 2—5。

表 2—5　TGT—50 型磅秤规格

最大秤重 (kg)	承重板 长×宽 (mm)	刻度值 (kg)	铊的规格及数目 kg/数目
50	400×300	最小 0.05 最大 5	20/1、10/2 5/1

十五、胶皮刮板(图 2—15)

用于刮混合料,面积为 100mm×200mm,可自制。

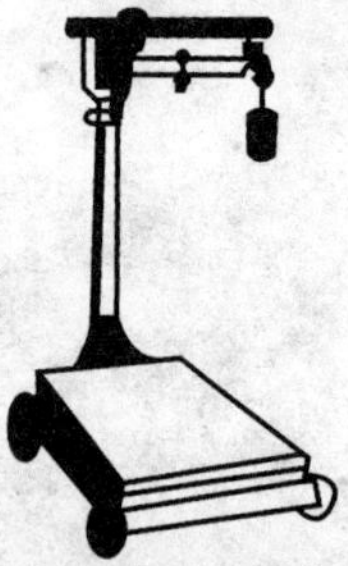

图 2—14　磅秤

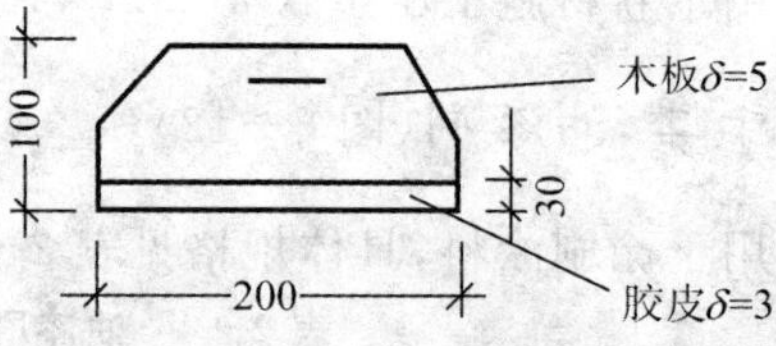

图 2—15　胶皮刮板(mm)

十六、铁皮刮板(图 2—16)

用于复杂部位刮混合料,面积为 100mm×200mm,可自制。

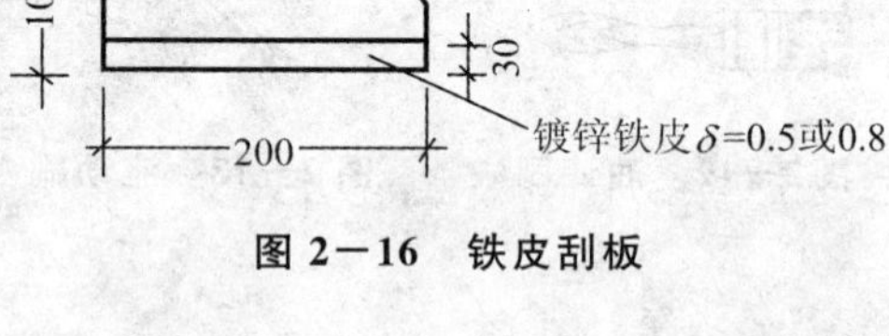

图 2—16　铁皮刮板

十七、皮卷尺(图 2—17)

用于度量尺寸,量程可为 5m、10m、15m、20m、30m、50m 等。

十八、钢卷尺(图 2—18)

用于度量尺寸,量程可为 1m、2m、3m 等。

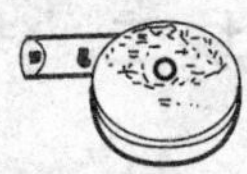

图 2—17　皮卷尺　　图 2—18　钢卷尺

十九、长把刷(图 2—19)

用于涂刷涂料,刷头面积 200mm×400mm,把长可自定。

二十、镏子(图 2—20)

用于密封材料表面修整,可按需要自制。

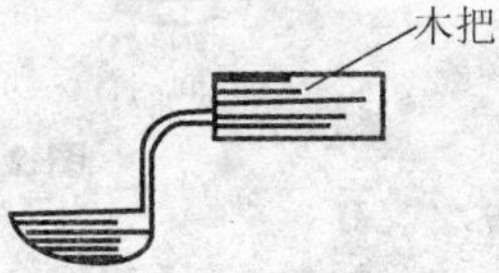

图 2—19　长把刷　　图 2—20　镏子

二十一、剪刀

用于裁剪卷材等,普通剪刀。

二十二、小线绳

用于弹基准线,普通型即可。

二十三、彩色笔

用于弹基准线,普通彩色笔即可。

二十四、工具箱

用于装工具等,可按需要自制。

模块二 热熔卷材施工机具

一、喷灯(图 2—21)

也叫喷火灯、冲灯,用于热熔卷材施工,具体规格见表 2—6。

煤油喷灯 汽油喷灯

图 2—21 喷灯

表 2—6 防水施工用喷灯的规格

品种	型号	燃料	火焰有效长度(mm)	火焰温度(℃)	贮油量(kg)	每小时耗油量(kg)	灯净重(kg)
煤油喷灯	MD—2.5	灯用煤油	110	>900	2.1	1.00~1.25	2.9
	MD—3.5		130	>900	3.1	1.45~1.60	4.0
汽油喷灯	QD—2.5	工业汽油	150	>900	1.6	2.0	3.2
	QD—3.5		150	>900	3.1	2.1	4.0

采用汽油或煤油喷灯进行热熔卷材施工,是将卷材的粘接面材料加热,使之呈熔融状态,给予一定外力后,使卷材与基层、卷材

与卷材之间的粘接牢固。施工时，将汽油喷灯点燃，手持喷灯加热基层与卷材的交界处。加热要均匀，喷灯口距交界处约 0.3m，要往返加热。趁卷材熔融时向前滚铺，随后用自制工具将其压实。施工一定工作面后，立即对卷材搭接处进行加热、封边，用压辊或小抹子将边封牢。

二、手提式微型燃烧器

手提式微型燃烧器由微型燃烧器与供油罐两部分组成，并配备一台空气压缩机。即由空气压缩机将供油罐内的油增压，使之成为油雾，点燃油雾，使微型燃烧器发出火焰，加热卷材与基层。使卷材达到熔融状态，同样，给予一定外力，使卷材与基层、卷材与卷材之间粘结牢固。封边等方法同喷灯施工。

1. 构造简介

(1)微型燃烧器：由手柄、油路、气路及燃烧筒组成，手柄是用轻型焊把改制的。原氧气路通油，原乙炔路通压缩空气，由各自开关控制流量。油路和气路采用同心管输送，在前端有一混合管。燃烧筒用耐热钢制作，油气混合体在其内部蒸发、燃烧。燃烧筒有两种规格，一种为 Φ50mm，主要用于大面积卷材的施工；另一种主要用于加热局部搭接及边角用。

施工时，按所需要的火焰长度调节气和油的开关，如图 2－22 所示。

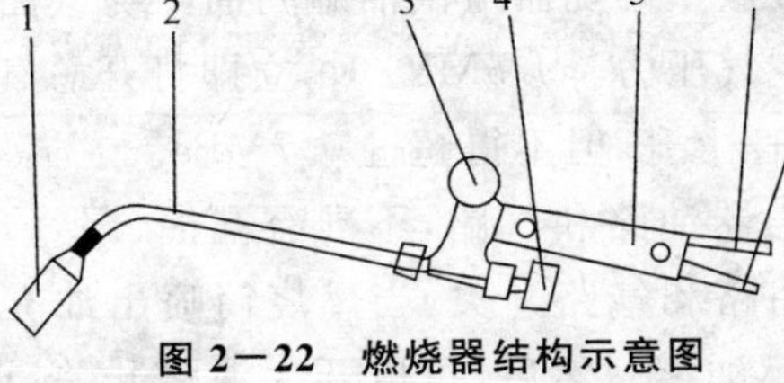

图 2－22　燃烧器结构示意图

1. 燃烧筒；2. 油气管；3. 气开关；4. 油开关；5. 手柄；6. 气接嘴；7. 油接嘴

(2)供油罐:供油罐由罐体、油路、气路和压力表等构成,如图 2—23 所示。外形尺寸为(直径×高)Ø300mm×500mm。

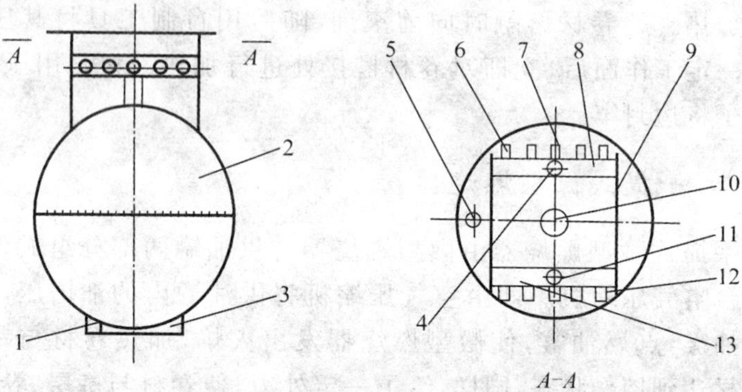

图 2—23　供油罐结构示意图

1. 放油口;2. 罐体;3. 底座;4. 通气管;5. 注油口;6. 气接嘴;7. 来气接嘴;8. 气总管;9. 提手;10. 压力表;11. 通油管;12. 油接嘴;13. 油总管

燃油通过滤油器进入罐体内,由总气管接嘴输入压缩空气,压力为 0.3~0.5MPa,由出油接嘴和出气接嘴分别连接燃烧器的油路和气路,中间单独接嘴为总气管接嘴,并与压缩机的气管连接。其余并联的四个接嘴为出气接嘴;在气路另一侧并联的四个接嘴为出油接嘴。在罐体顶部安装座装有 0~1.0MPa 压力表,在罐体底部有放油口。

2. 使用方法

(1)正确连接微型燃烧器与供油罐间油路与气路后,起动空气压缩机,当压缩空气压力≥0.5MPa 时,立即打开总气管接嘴开关,供油罐内压力迅速上升,但不得超过 0.7MPa。

(2)检查燃烧器油路和气路,不准有漏油、漏气现象。点燃一小块油布,微开油路和气路开关,当燃烧筒喷出油雾时,靠近点燃的油布,立即点燃油雾。然后,可以开大油路开关,再开大气路开关,调整火焰的长度。当油雾的空气压力达到 0.3~0.5MPa 之间,并稳定后,稍调整供油量即可。火焰长度一般以 200~500mm

为最佳，火焰要呈圆锥状紫红色，在燃烧筒出口处为淡蓝色。这时的耗油量为2～5kg/h，且不会产生回火现象，安全性非常好。不允许冒黑烟。

停止工作与起动点火的程序相反。

3. 注意事项

(1)燃烧器油路开关不可猛开猛关，以免熄火。

(2)燃烧器在运输、贮存及使用时，要妥善保护，不可乱扔、乱摔、随便拆卸或做其他工具用。尤其是燃烧筒在工作时，温度较高，更不准碰撞，以免产生变形或漏油漏气而影响火焰形状及危及安全。

(3)供油罐内压力应在0.3～0.7MPa范围内，小于0.3MPa时，燃烧器工作不正常，最大不得大于0.7MPa。

(4)供油罐在运输或不用时，应打开接气开关及下部的放油口，将余油放出，使供油罐呈放空状态。要将存油排干净，以免发生危险。

(5)供油罐体不准碰撞或被利物划伤，应放置在低温处，要随时注意检查。使用时，也不准放在烈日下长时间暴晒，要有一定遮阳措施。以免使供油罐内压力增加，不利于安全。

(6)供油罐每年定检一次，每次用完需随检，发现隐患及时上报并排除。

(7)只准用煤油或轻柴油做为燃料，不准使用其他燃料。当大气温度低于5℃时，使用0号柴油会产生脱蜡现象，应选用－10、－20或－30号柴油，但最好使用煤油。当使用柴油时，环境温度要高于柴油相应凝点5～10℃为好。

(8)气路只准使用压缩空气，不准使用其他气体。

模块三 热焊卷材施工机具

热压焊接法是将两片PVC防水卷材搭接40～50mm，通过焊嘴吹热风加热，利用聚氯乙烯材料的热塑性，使卷材的边缘部分达到熔融状态.然后用压辊加压,将两片卷材熔为一体的方法。热压焊接机构造如图 2—24 所示。

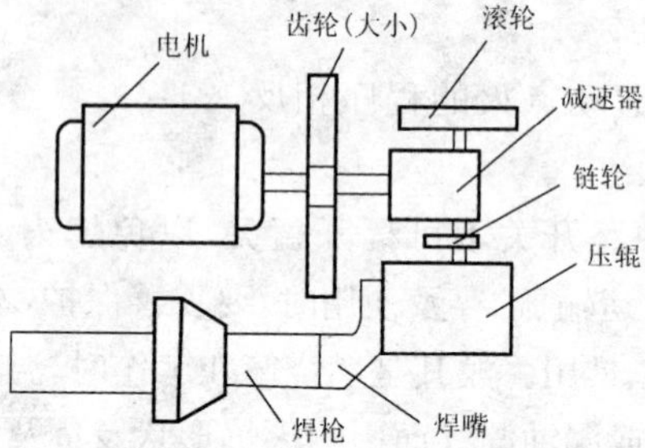

图 2—24　热压焊接机构造

热压焊接机由传动系统、热风系统、转向部分组成。热压焊接机主要用来焊接 PVC 防水卷材的平面直线,手动焊枪焊接圆弧及立面。

1. 技术参数

热压焊接速度:V=0.45m/min;

热压焊接机功率:N=1.5kW;

热压焊接机总重量:26kg,

外形尺寸长×宽×高(mm):706×320×900

2. 性能

焊接厚度:0.8～2.0mm;

搭接宽度;40～50mm

焊枪调节温度:100～400℃

3. 特点

(1)使用灵活、方便,设备耐用;

(2)体积轻巧,结构简单,成本低;

(3)劳动强度低,保证质量;

(4)节约卷材;

(5)焊接不受气候的影响,风天、冬天均可施工。

(6)环境污染小。

4. 操作程序

(1)检查焊机、焊枪、焊嘴等是否齐全、安装牢固。

(2)总启动开关合闸，接通电源。

(3)先开焊枪开关，调节电位器旋钮，由零转到适合的功率，要逐步调节，使温度达到要求，预热数分钟。

(4)开运行电机开关，用手柄控制运行方向，开始热压焊接施工。

(5)焊接完毕，先关热压焊接机的电机开关，然后要旋转焊枪的旋钮，使之到0位，经过几分钟后，再关焊枪的开关。

5. 注意事项

(1)热压焊机停机后潮湿地方，要轻拿轻放。

(2)热压焊机工作时，严禁用手触摸焊嘴，以免烫伤。

(3)严格按操作程序使用，不得擅自乱动。

(4)每次用完后要关掉总闸。

(5)施工时，不允许穿带钉子鞋进入现场。

(6)设专人操作、保养。

模块四　修漏施工机具

一、自制水压泵(图2—25)

用于注浆修漏。

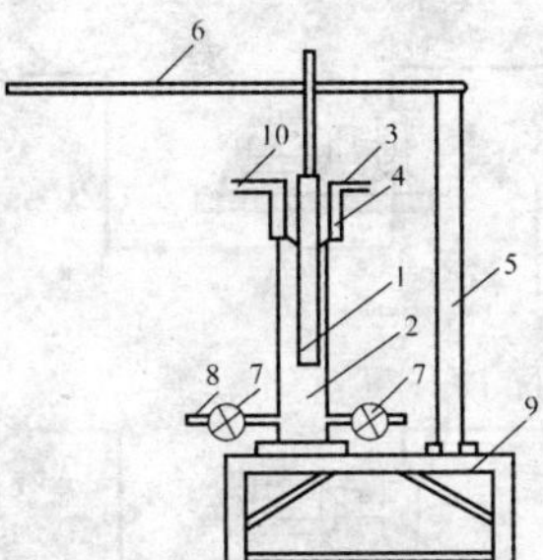

图2—25　自制手压泵示意图

1.内套管；2.外套管；3.压盘；4.石棉绳；5.立柱；6.手压杆；7.逆止阀；8.连接钢管；9.支架；10.连接螺丝

二、压浆桶(图 2—26)

用于注浆修漏,可自制。

三、注浆嘴(图 2—27)

用于修漏,可自制。

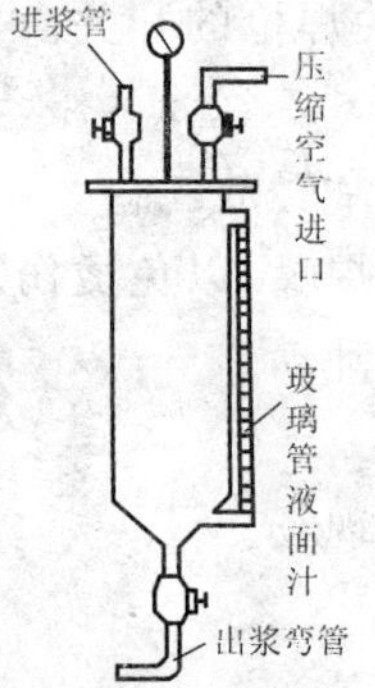

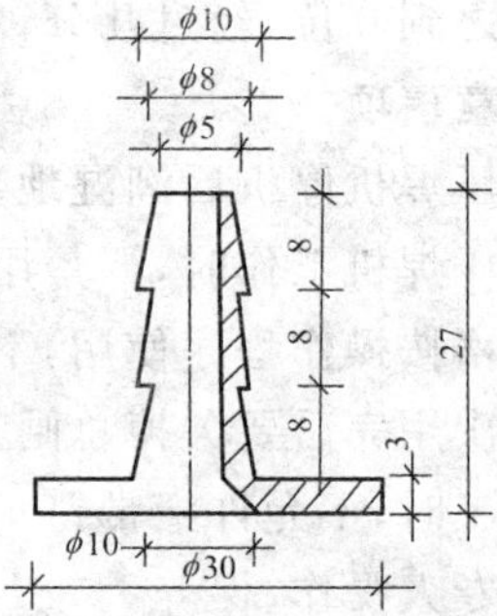

图 2—26 压浆桶　　图 2—27 注浆嘴

四、电动灌浆设备系统(图 2—28)

用于修漏灌浆,如图配套购置。

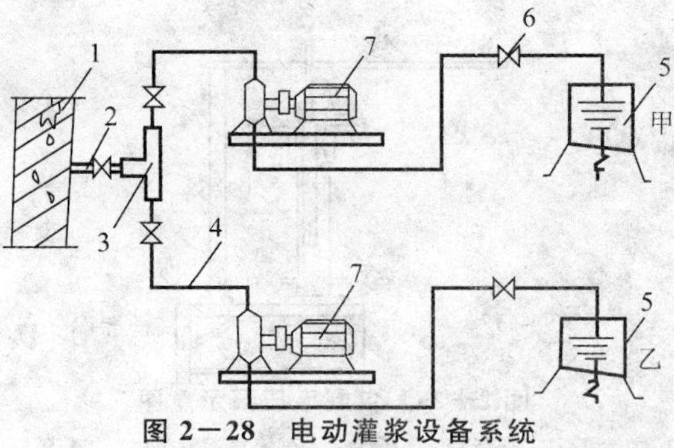

图 2—28 电动灌浆设备系统

1.结构物;2.注浆嘴;3.混合室;4.输浆管;

5.贮浆罐;6.阀门;7.电动泵

五、风压罐灌浆设备(图 2—29)

用于修漏灌浆。

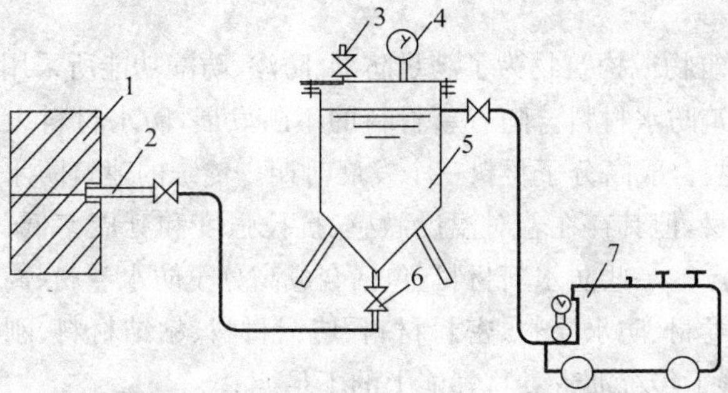

图 2—29 风压罐浆系统

1.结构物;2.注浆嘴;3.进浆口;4.压力表;

5.风压罐;6.阀门;7.空气压缩机

六、丙凝气动注浆设备(图 2—30)

用于丙凝修漏注浆。

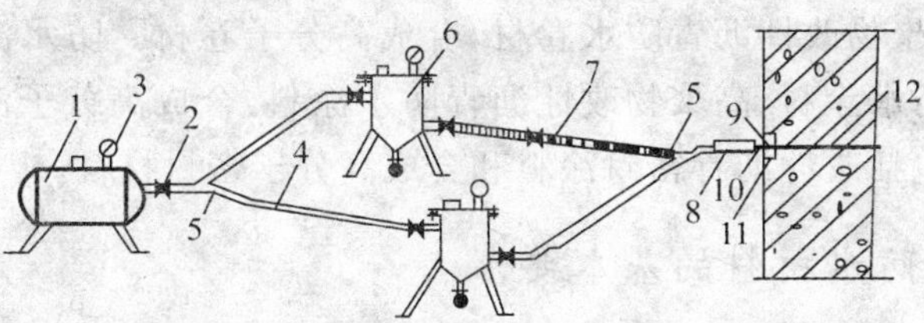

图 2—30 丙凝气动注浆设备

1.空气压缩机;2.阀门;3.压力表;4.高压风管;5.三通;

6.密闭贮浆罐;7.联结管;8.高压塑料透明管;9.注浆嘴;

10.活接头;11.环氧胶泥封闭;12.混凝土裂缝

第三单元　常用防水材料

凡建筑物或构筑物为了满足防潮、防渗、防漏功能所采用的材料则称之为建筑防水材料。随着新材料的不断发展，防水材料大致经历了沥青、水泥、合成高分子材料三个发展时期。传统的建筑防水材料是沥青防水卷材，但其存在着对温度敏感、抗拉强度和延展率低、耐老化性能差的缺点。一些防水新材料，包括合成高分子防水卷材、高聚物改性沥青防水卷材、防水涂料、密封材料、堵漏材料、粘结材料、刚性防水材料等，改善了传统沥青卷材性能上的不足。

模块一　防水材料的分类与基本要求

一、防水材料分类

根据建筑防水材料的材料特性和使用功能大致可分为防水卷材、防水涂料、密封材料和刚性防水材料。防水卷材包括沥青防水卷材、高聚物改性沥青防水卷材，合成高分子卷材。防水涂料包括沥青基防水涂料、高聚物改性沥青防水涂料，合成高分子涂料。密封材料包括改性沥青密封涂料和合成高分子密封材料。

二、防水材料的基本要求

防水工程的质量在很大程度上取决于防水材料的性能和质量。而不同的防水材料都有其一定的特性与使用范围，但从满足防水工程的功能需要出发，对它们又有一切共性的基本要求：

1. 耐候性

对光、热、臭氧等有一定的抵抗能力；

2. 抗渗性、耐化学腐蚀性

应具有一定的耐水压、抗水渗透和耐酸、碱的性能；

3．对温度、外力的适应性

要求防水材料能承受温度变化以及各种外力和基层伸缩、开裂引起的变形；

4．具有整体性

要求防水层的粘结强度高，既能保持自身牢固的粘结，又能与基层粘结良好，且在外力的作用下，其防水层有较高的剥离强度，形成稳固的不透水整体。

5．选料

具体构筑物防水工程所选用的防水材料应根据不同的工程特点和使用功能的不同要求，由设计酌情选定。

模块二　常用的防水材料

一、沥青防水卷材

沥青防水卷材俗称沥青油毡，是以原纸、纤维织物、纤维毡等胎体材料浸涂沥青，表面撒布粉状、粒状或片状材料制成可卷曲的片状防水材料。

各类沥青防水卷材的特点及适用范围可参见表3－1。

表3－1　沥青防水卷材的特点及适用范围

卷材名称	特点	适用范围	施工工艺
石油沥青纸胎油毡	是我国传统的防水材料，目前在屋面工程中仍占主导地位。低温柔性差，防水层耐用年限较短，价格较低	三毡四油、二毡三油叠层铺设的层面工程	热玛蹄脂、冷玛蹄脂粘贴
玻璃布胎沥青油毡	抗拉强度高，胎体不易腐烂，材料柔性好，耐久性比纸胎油毡高1倍以上	多用作纸胎油毡的增强附加层和突出部位的防水层	热玛蹄脂、冷玛蹄脂粘贴

（续）

卷材名称	特点	适用范围	施工工艺
玻纤毡胎沥青油毡	有良好的耐水性、耐腐蚀性和耐久性，柔性优于纸胎沥青油毡	常用作屋面或地下防水工程	热玛蹄脂、冷玛蹄脂粘贴
黄麻胎沥青油毡	抗拉强度高，耐水性好，但胎体材料易腐烂	常用作屋面增强附加层	热玛蹄脂、冷玛蹄脂粘贴
铝箔胎沥青油毡	有很高的阻隔蒸汽渗透的能力，防水性能好，且具有一定的抗拉强度	与带孔玻纤毡配合或单独使用，宜用于隔汽层	热玛蹄脂粘贴

二、SBS改性沥青防水卷材

SBS是塑料“苯乙烯一丁二烯嵌物段”的代号。SBS改性沥青防水卷材是以聚酯纤维无纺布为胎体，以SBS橡胶改性石油沥青为浸渍涂盖层，以塑料薄膜为防粘隔离层，经多道工艺加工而成的一种防水卷材。

1. 产品分类

(1)等级。

产品按可溶物含量和物理性能分为合格品(C)、一等品(B)、优等品(A)三个等级。

(2)规格。

幅宽为1000mm一种规格。

(3)胎体。

卷材使用玻纤毡胎(G)或聚酯无纺布胎(C)两种胎体；

(4)表面材料。

卷材使用矿物粒(片)(如板岩片)(M)、砂粒(河砂或彩砂)(S)以及聚乙烯膜(PE)等三种表面材料。

(5)标号。

按每10m^{2}卷材的标称重量作为卷材的标号。玻纤毡胎的卷材可分为25号、35号、45号三种标号；聚酯无纺布胎的卷材分为

25 号、35 号、45 号和 55 号四种标号。

(6)品种。

根据卷材使用的胎体和表面材料不同，共形成 G－M、G－S、G－PE、PY－M、PY－S、PY－PE6 个品种。

(7)适用范围。

该系列卷材除适用于一般工业与民用建筑工程防水外，尤其适用于高层建筑的屋面和地下工程的防水防潮以及桥梁、停车场、游泳池、隧道、蓄水池等建筑工程的防水。其中 35 号及其以下的品种适用于多叠层防水；45 号及其以上的品种适用于单层防水或高级建筑工程多叠层防水中的面层，并可采用热熔法施工。

2. 技术要求

(1)浸涂材料的组成。

浸涂材料可用石油沥青或 SBS 改性沥青，涂盖材料则必须采用 SBS 改性沥青。在改性沥青中，沥青与 SBS 改性材料必须充分混溶和相容。

(2)面积、卷重及厚度。

玻纤毡胎的卷材应符合表 3－2 的规定。

表 3－2 玻纤毡胎 SBS 改性沥青防水卷材的面积、卷重与厚度

标号		25 号			35 号			45 号		
上表面材料		PE 膜	砂粒	板岩片	PE 膜	砂粒	板岩片	PE 膜	砂粒	板岩片
标称重量 ($kg/10\ m^2$)		2.5			3.5			4.5		
面积(m^2/卷)		10±0.1			10±0.1			7.5±0.1		
最低卷重(kg)		20.0	22.0	28.0	30.0	32.0	38.0	30.0	31.5	36.0
厚度(mm)	平均值	≥2.0	≥3.0	≥4.0						
	最小值	1.7	—	—	2.7	—	—	3.7	—	—

聚酯无纺布胎的卷材应符合表 3－3 的规定。

表 3—3　聚酯无纺布胎 SBS 改性沥青卷材的面积、卷重与厚度

标号	25 号			35 号			45 号			55 号		
上表面材料	PE膜	砂粒	板岩片	PE膜	砂粒	板岩片	PE膜	砂粒	板岩片	PE膜	砂粒	板岩片
标称重量(kg/10 m^2)	2.5			3.5			4.5			5.5		
面积(m^2/卷)	10±0.1			10±0.1			7.5±0.1			5±0.1		
最低卷重(kg)	20.0	22.0	28.0	30.0	32.0	38.0	30.0	31.5	36.0	25.0	26.0	29.0
厚度(mm) 平均值	≥2.0			≥3.0			≥4.0			≥5.0		
厚度(mm) 最小值	1.7	—	—	2.7	—	—	3.7	—	—	4.7	—	—

(3)SBS 改性沥青防水卷材的外观质量应符合下列要求：

成卷卷材应卷紧整齐，端面里进外出不得超过 10mm；

在 10～45℃的环境下应易于展开，不得有距卷芯 1000mm 以外长度 10mm 以上的裂纹和破坏表面 10mm 以上的粘结；

基胎必须浸透，不应有未被浸渍的浅色斑点；

卷材表面必须平整，不允许有孔洞、缺边和裂口。撒布料的颜色和粒度应均匀一致，并紧密地粘附于卷材表面。

每卷油毡的接头不应超过一处，其中较短的一段不得少于 2500mm，接头处应剪切整齐，并加长 150mm 备作搭接。

(4)物理性能。

玻纤毡胎各种标号、等级的 SBS 改性沥青防水卷材物理性能应符合表 3—4 的要求。

表 3—4 玻纤毡胎 SBS 改性沥青防水卷材物理性能

标号		25 号			35 号			45 号		
等级		优等	一等	合格	优等	一等	合格	优等	一等	合格
可溶物含量 (g/m²)不小于		1300			2100			2900		
不透水性	压力(N/mm²) 不小于	0.15			0.20			0.20		
	保持时间(min) 不小于	30								
耐热度(℃)		100	90		100	90		100	90	
		受热 2h,涂盖层无滑动								
拉力(N) 不小于	纵向	400	350	300	400	350	300	400		
	横向	250	200	300	250	200	300	250		
柔度(℃)		−25	−20	−15	−25	−20	−15	−25	−20	−15
		r=25mm,3s,弯 180℃无裂纹						*r*=25mm,3s,弯 180℃无裂纹		

聚酯无纺布胎各种标号、等级的 SBS 改性沥青防水卷材物理性能应符合表 3—5 的要求。

表 3—5 聚酯无纺布胎 SBS 改性沥青卷材物理性能

标号		25 号			35 号			45 号			55 号		
等级		优等	一等	合格	优等	一等	合格	优等	一等	合格	优等	一等	合格
可溶物含量 (g/m²) 不小于		1300			2100			2900			3700		
不透水性	压力 (N/mm²) 不小于	0.3											
	保持时间 (min) 不小于	30											
耐热度(℃)		100	90		100	90		100	90		100	90	
		受热 2h,涂盖层无滑动											

（续）

标号	25号			35号			45号			55号		
拉力(N)纵横向均不小于	800	600	400	800	600	400	800	600	400	800	600	400
断裂伸长率(%)纵横向均不小于	40	30	20	40	30	20	40	30	20	40	30	20
柔度(℃)	−25	−20	−15	−25	−20	−15	−25	−20	−15	−25	−20	−15
	r=15mm,3s,弯180℃无裂纹						r=25mm,3s,弯180℃无裂纹					

三、再生橡胶改性沥青防水卷材

再生橡胶改性沥青防水卷材系采用聚酯纤维无纺布或原纸为胎体，浸涂再生橡胶改性沥青，表面涂、撒矿物粉、粒料或覆盖聚乙烯膜所制成的可卷曲片状防水材料。

1. 产品分类

(1)胎体。

卷材使用聚酯纤维无纺布和原纸两种胎体。

(2)规格。

幅宽为1000mm一种规格。

(3)标号。

聚酯纤维无纺布胎卷材以每10m^{2}卷材的标称重量作为卷材的标号，分为35号、45号和55号三种标号。纸胎卷材则以每1m^{2}卷材的重量的克数作为卷材的标号，可分为350号、500号两种标号。

(4)适用范围。

该类卷材适用于工业与民用建筑工程的屋面防水，其中聚酯纤维无纺布胎卷材尤其适用于地下工程防水，纸胎卷材则主要适用于屋面工程的多叠层防水。

2. 技术要求

(1)浸涂材料的组成。

在再生橡胶改性沥青中，沥青与再生橡胶必须充分混溶。

(2)再生橡胶改性沥青防水卷材的外观质量应符合下列要求：

①成卷卷材应卷紧整齐，两端平齐。

②卷材表面必须平整，不允许有孔洞、皱褶或刻痕等缺陷。在10～45℃的环境下应易于展开，不得有距卷芯1000mm以外长度10mm以上的裂纹和10mm以上的粘结。

③每平方米卷材上，直径为3～5mm的疙瘩不得超过3个，直径为3～5mm的气泡或因气泡破裂而造成的痕迹不得超过3个。

④每卷卷材的接头不应超过一处，其中较短的一段不得少于3m，并加长150mm备作搭接。

(3)物理性能。

各种标号、等级的再生橡胶改性沥青防水卷材物理性能应符合表3－6的要求。

表3－6　再生橡胶改性沥青防水卷材物理性能

<table>
<tr><td colspan="2">品种</td><td colspan="3">聚酯纤维无纺布胎再生橡胶改性沥青卷材</td><td colspan="2">纸胎废胶粉改性沥表卷材</td></tr>
<tr><td colspan="2">标号</td><td>35号</td><td>45号</td><td>55号</td><td>350号</td><td>500号</td></tr>
<tr><td colspan="2">可溶物含量(g/m^2)
不小于</td><td>2100</td><td>2900</td><td>3600</td><td colspan="2"></td></tr>
<tr><td colspan="2">浸涂材料总量(g/m^2)
不小于</td><td colspan="3"></td><td>1000</td><td>1000</td></tr>
<tr><td rowspan="2">不透水性</td><td>压力(N/mm^2)
不小于</td><td>0.15</td><td colspan="2">0.20</td><td>0.10</td><td>0.15</td></tr>
<tr><td>保持时间(min)
不小于</td><td colspan="5">30</td></tr>
<tr><td colspan="2">拉力(N)纵横向均不小于</td><td colspan="3">400</td><td>340</td><td>440</td></tr>
<tr><td colspan="2">断裂伸长率(%)纵横向
均不小于</td><td colspan="3">30</td><td colspan="2"></td></tr>
<tr><td colspan="2" rowspan="2">耐热度(℃)</td><td colspan="3">85</td><td colspan="2">90</td></tr>
<tr><td colspan="5">受热2h，涂盖层无滑动及集中性气泡</td></tr>
<tr><td colspan="2">柔度(℃)</td><td colspan="3">－10</td><td colspan="2">－5</td></tr>
</table>

（续）

<table>
<tr><td>品种</td><td colspan="2">聚酯纤维无纺布胎再生橡胶改性沥青卷材</td><td colspan="2">纸胎废胶粉改性沥表卷材</td></tr>
<tr><td>无裂纹</td><td>r=15mm，弯 180°无裂纹</td><td>r=25mm，弯 180°无裂纹</td><td>绕 Φ20mm 圆棒无裂纹</td><td>绕 Φ25mm 圆棒无裂纹</td></tr>
<tr><td>吸水率不大于(%)</td><td colspan="4">1.0</td></tr>
</table>

四、合成高分子防水卷材

合成高分子防水卷材是以合成橡胶、合成树脂或塑料与橡胶共混材料为主要原料，掺入适量的稳定剂、促进剂、硫化物和改进剂等化学助剂及填料，经混炼、压延或挤出等工序加工而成的可卷曲片状防水材料。

1. 合成高分子防水卷材分类及技术性能

合成高分子防水卷材可分为均质片和复合片两大类：以压延法或挤出法生产的片材称为均质片；以高分子材料复合(包括带织物加强层)的称之为复合片。具体的片材分类见表 3—7。

表 3—7 片材的分类

<table>
<tr><td colspan="2">分类</td><td>代号</td><td>主要原材料</td></tr>
<tr><td rowspan="10">均质片</td><td rowspan="4">硫化橡胶类</td><td>JL1</td><td>三元乙丙橡胶</td></tr>
<tr><td>JL2</td><td>橡胶(橡塑)共混</td></tr>
<tr><td>JL3</td><td>氯丁橡胶、氯磺化聚乙烯、氯化聚乙烯</td></tr>
<tr><td>JL4</td><td>再生胶</td></tr>
<tr><td rowspan="3">非硫化橡胶类</td><td>JF1</td><td>三元乙丙橡胶</td></tr>
<tr><td>JF2</td><td>橡塑共混</td></tr>
<tr><td>JF3</td><td>氯化聚乙烯</td></tr>
<tr><td rowspan="3">树脂类</td><td>JS1</td><td>聚氯乙烯等</td></tr>
<tr><td>JS2</td><td>乙烯醋酸乙烯、聚乙烯等</td></tr>
<tr><td>JS3</td><td>乙烯核醋酸乙烯改性沥青共混等</td></tr>
</table>

（续）

<table>
<tr><th colspan="2">分类</th><th>代号</th><th>主要原材料</th></tr>
<tr><td rowspan="4">复合片</td><td>硫化橡胶类</td><td>FL</td><td>乙丙、丁基、氯丁橡胶、氯磺化聚乙烯等</td></tr>
<tr><td>非硫化橡胶类</td><td>FF</td><td>氯化聚乙烯、乙丙、丁基、氯丁橡胶、氯磺化聚乙烯等</td></tr>
<tr><td rowspan="2">树脂类</td><td>FS1</td><td>聚氯乙烯等</td></tr>
<tr><td>FS2</td><td>聚乙烯等</td></tr>
</table>

《屋面工程质量验收规范》(GB50207)中对合成高分子防水卷材作出了如下规定：

(1)合成高分子防水卷材规格及允许偏差见表 3—8 及表 3—9。

表 3—8　片材的规格尺寸

<table>
<tr><th>项目</th><th>厚度/(mm)</th><th>宽度/(m)</th><th>长度/(m)</th></tr>
<tr><td>橡胶类</td><td>1.0,1.2,1.5,1.8,2.0</td><td>1.0,1.1,1.2</td><td rowspan="2">0 以上</td></tr>
<tr><td>树脂类</td><td>0.5 以上</td><td>1.0,1.2,1.5,2.0</td></tr>
</table>

注：橡胶类片材在每卷 20m 长度中允许有一处接头，且最小块长度应不小于 3m，并应加长 15cm 备作搭接；树脂类卷材在每卷至少 20m 长度内不允许有接头。

表 3—9　片材规格尺寸允许偏差

项目	厚度/(mm)	宽度/(m)	长度/(m)
允许偏差	−10～+15	>−1	不允许出现负值

(2)合成高分子防水卷材外观质量要求见表 3—10。

表 3—10　合成高分子防水卷材的外观质量要求

项目	外观质量要求
折痕	每卷不超过 2 处，总长度不超过 20mm
杂质	大于 0.5mm 颗粒，不允许
胶块	每卷不超过 6 处，每处面积不大于 4mm²
缺胶	每卷不超过 6 处，每处不大于 7mm，深度不超过本身厚度的 30%

(3)合成高分子防水卷材技术性能见表 3—11。

表 3—11 合成高分子防水卷材技术性能

项目		性能要求		
		Ⅰ	Ⅱ	Ⅲ
拉伸强度		≥7MPa	≥2MPa	≥9MPa
断裂伸长率		≥450%	≥100%	≥10%
低温弯折性		−40℃	−20℃	−20℃
不透水性	压力	无裂纹		
	保持时间	≥0.3MPa	≥0.2MPa	≥0.3MPa
热老化保持率 (80±2℃,168h)	拉伸强度	≥30min		
	断裂伸长率	≥80%		

注：Ⅰ类指弹性体卷材；Ⅱ指塑性体卷材；Ⅲ类指加合成纤维的卷材

2. 三元乙丙橡胶防水卷材

三元乙丙橡胶防水卷材简称 EPODM，是以乙烯、丙烯和双环戊二烯或亚乙烯降冰片烯等三种单体共聚合成的三元乙丙橡胶为主体，掺入适量的丁基橡胶、软化剂、补强剂、填充剂、促进剂和硫化剂等，经过配料、密炼、拉片、过滤、热炼、挤出或挤压成型、硫化、检验、分卷、包装等工序加工制成可卷曲的高弹性防水材料。

(1)特点。

耐老化性能高，使用寿命长。三元乙丙橡胶分子结构中的主链上没有双键，而其他类型的橡胶或塑料等高分子材料的结构中主链上有双键，因此，当三元乙丙橡胶收到臭氧、紫外线、湿热的作用时主链不易发生断裂，这是它耐老化性能高的根本原因。一般情况下，三元乙丙橡胶防水卷材的使用寿命长达 40 年。

拉伸强度高、延伸率大。三元乙丙橡胶防水卷材的拉伸强度高、断裂延伸率相当于石油沥青纸胎油毡伸长率的 300 倍。因此，他的抗裂性能好，能适应防水基层的伸缩或局部开裂变形的需要。

耐高温、低温性能好。三元乙丙橡胶防水卷材在低温 −40～−48℃时仍不脆裂，在高温 80～120℃(加热 5)时仍不起泡、不粘结。因此，它具有良好的耐高、低温性能，可在严寒和酷热的环境下长期使用。

施工简单方便。三元乙丙橡胶防水卷材可采用单层冷粘结施工，改变了传统的多层“二毡三油一砂”、“三毡四油一砂”、热施工的沥青油毡防水做法，简化了施工程序，提高了劳动效率。

(2)材料规格。

材料规格尺寸及允许偏差要求，应符合表3－12的要求。

表3－12　三元乙丙橡胶防水卷材规格

厚度		宽度		长度	
规格(mm)	允许偏差(%)	规格(mm)	允许偏差(%)	规格(mm)	允许偏差(%)
1.0,1.2 1.5,2.0	＋15 －10	1000 1200	不允许出现负值	2000	不允许出现负值

(3)材料等级。

三元乙丙橡胶防水卷材按物理性能分为一等品和合格品两个等级。

(4)材料外观要求。

表面应平整，边缘应整齐；

可以带有均匀的布纹，不允许有破损、断裂、刻痕、砂眼、异状粘结及明显的皱皮、气泡、弯曲、异状起伏等缺陷；

在不影响防水性能的前提下，表面允许有表3－13规定的缺陷。

表3－13　三元乙丙橡胶防水卷材表面允许缺陷

缺陷名称	一等品	合格品
杂质、砂眼	深度不得超过标准板厚的5%，每个面积不得超过3mm^2，每卷不超过2处	深度不得超过标准板厚的10%，每个面积不超过8mm^2，每卷不超过12处
超泡	深度不得超过标准板厚的5%，每个面积不得超过4mm^2，每卷不超过2处	深度不得超过标准板厚的10%，每个面积不超过10mm^2，不得有透光，每卷不超过5处
每卷接头	不允许	每卷中最短的片材长度不得小于5m，接头不超过2处

(5)适用范围。

三元乙丙橡胶防水卷材主要适用于建筑工程的外楼屋面防水和大跨度受震动建筑工程的防水，也适用于埋置式的屋面、地下室以及隧道、水池、水渠等土木工程防水。

3. 三元乙丙橡胶——聚乙烯共混（TPO）防水卷材

TPO防水卷材系以三元乙丙橡胶和聚乙烯或聚丙烯等原料按比例混合，经机械共混方法制成，是一种热塑性弹性防水材料。

(1)材料特点。

综合性能高，原材料利用率高。这种热塑性弹性体橡胶共混材料，具有橡胶和塑料的综合性能，加热后呈塑性，在温度为－30～80℃时，呈橡胶弹性。施工中无需硫化，下脚料可重复利用，提高了原材料的利用率。

耐老化性能好，使用寿命长。共混材料中的三元乙丙橡胶，具有良好的耐臭氧和耐老化性能，使用寿命长。

低温下柔韧性好。在－30℃气温条件下，TPO防水卷材仍具有一定柔韧性，故可在低温下进行冷粘施工。

质量轻、施工简便，价格比三元乙丙片材便宜30％。

(2)材料规格。

TPO防水卷材规格见表3－14。

表3－14　三元乙丙橡胶－聚乙烯共混防水卷材规格

厚度(mm)	宽度(mm)	长度(mm)	面积(mm²)
1.0	915	22.0	
1.2	1000	20.0	20±0.3
1.5	1200	16.5	

(3)适用范围。

TPO防水卷材适用于做屋面工程的单层外露防水层，也可用于有保护层的屋面、地下室、蓄水池等建筑工程的防水。

4. 氯化聚乙烯——橡胶共混防水卷材

氯化聚乙烯－橡胶共混防水卷材是以氯化聚乙烯树脂和合成橡胶共混为主体，加入适量的丁软化剂、稳定剂、填充剂、促进剂和硫化剂等，经过塑炼、混炼、压延或挤出成型、硫化、冷却、检验、分卷、包装等工序加工制成可卷曲的高弹性防水材料。

这种防水卷材兼有塑料和橡胶的特点，它不但具有氯化聚乙烯所特有的高强度和优异的耐臭氧、耐老化性能，而且具有橡胶类材料的高弹性、高延伸性以及良好的低温柔韧性能，这种合成高分子聚合物的共混改性材料，在工业上被称为高分子“合金”。

(1)材料特点。

耐老化性能优异。在 $10cm^3/m^3$ 的高浓度臭氧环境中，使卷材处于拉伸 100%的受力状态下，经 168h 处理后，试件仍无裂纹出现。因此，该卷材的大气稳定性好，使用寿命长。

具有良好的粘结性能和阻燃性能。采用含氯量为 30%～40%的氯化聚乙烯树脂作为共混改性体系的主要原料，由于氯原子的存在，大大提高了共混卷材的粘结性能和阻燃性能，使该卷材本身成为一种易粘结材料。多种氯丁系胶粘剂均可实现卷材与卷材、卷材与基层之间的粘结，便于形成弹性整体的防水层，提高了防水工程的可靠程度。

拉伸强度高、伸长率大。此类卷材属硫化型橡胶类弹性体防水卷材，具有拉伸强度高、拉伸率大的特性。因此，对基层的伸缩或开裂变形的适应较强，为提高防水工程质量和延长防水层的使用寿命，创造了条件。

具有良好的高低温特性。此类卷材能在－40～80℃温度范围内正常使用，高低温性能良好。

稳定性好，使用寿命长。氯化聚乙烯分子结构的主链上以单键连接，属高饱和稳定结构，不易受紫外光影响，也不易和大气中的臭氧、化学介质起反应。故此类卷材具有良好的耐油、耐酸碱、耐臭氧等性能，在大气中稳定性好，使用寿命长。

施工方便简单。此类卷材采用冷毡法施工，配套材料少，工艺简单，操作方便，安全、工效高、施工质量易于保证。

(2)产品分类。

根据共混材料和物理力学性能的不同，卷材可分为S型和N型两个品种。

S型：以氯化聚乙烯与合成橡胶共混制成的防水卷材。

N型：以氯化聚乙烯与再生橡胶共混制成的防水卷材。

(3)材料规格。

材料规格尺寸及允许偏差要求，应符合表3－15的要求。

表3－15　氯化聚乙烯——橡胶共混防水卷材的规格尺寸及允许偏差

厚度(mm)		宽度(mm)		长度(m)	
基本尺寸	允许偏差	基本尺寸	允许偏差	基本尺寸	允许偏差
1.0 1.2 1.5 2.0	+15% －10%	1000 或 1200	不允许出现负值	20.0	不允许出现负值

(4)材料外观要求。

表面外观平直，可以带有均匀的布纹，不允许有机械损伤、断裂、粘结等现象及明显的皱皮、气泡、弯曲、异状起伏等缺陷；

在不影响防水性能的前提下，表面允许有表3－16规定的缺陷。

表3－16　氯化聚乙烯－橡胶共混防水卷材表面允许缺陷

项目	A型	B型
气泡	在1m² 内气泡面积不超过1cm² 的不得多于5处，一次修理平整；气泡面积在25mm² 以下的可不修理，但深度不能超过总厚度的1/3	在1m² 内气泡面积不超过1cm² 的不得多于8处，一次修理平整；气泡面积在25mm² 以下的可不修理，但深度不能超过总厚度的1/3
明疤及凸凹不平	明疤及凸凹不平不能超过总厚度的1/3	明疤及凸凹不平不能超过总厚度的1/3

（续）

项目	A型	B型
褶子	褶子长度不超过 200mm，厚度不超过总厚度的 1/3，每卷不得多于 2 处	褶子长度不超过 200mm，厚度不超过总厚度的 1/3，每卷不得多于 3 处
边部不整齐	边部不整齐不超过 10mm	边部不整齐不超过 15mm
表面杂质	杂质的长度及深度不超过总厚度的 1/3	杂质的长度及深度不超过总厚度的 1/3
	每卷不能超过 6 处，每处不能大于 7mm，其深度不能超过总厚度的 1/3	每卷不能超过 8 处，每处不能大于 7mm，其深度不能超过总厚度的 1/3

（5）适用范围。

氯化聚乙烯—橡胶共混防水卷材最适宜用单层冷毡外露防水施工法作屋面的防水层，也适用于有保护层的屋面或楼地面、地下、游泳池、隧道、涵洞等中高档建筑防水工程。

五、SBS 改性沥青防水涂料

SBS 改性沥青防水涂料是以石油沥青、SBS 橡胶、合成树脂以及表面活性剂等原料制成的一种水乳型弹性沥青防水涂料。

研究表明，在石油沥青中掺入一定量的 SBS，经特定工艺加工，其共混物切片在光学显微镜下呈现出清晰的网—网相叠结构，在涂膜中形成良好的弹性中心和弹性链，从而使石油沥青的内聚强度、低温柔性和高温耐热性能得到大大改善。

1．SBS 改性沥青防水涂料的特点及适用范围

（1）具有优良的低温柔性和抗裂性能，涂覆和粘结性好，无嗅、无毒、不燃、冷施工干燥快。

（2）耐候性好，夏季不流淌，冬季不龟裂、不变脆。

（3）对水泥板、混凝土板、木板、砖、泡沫塑料板、油毡、铁板、玻璃板等各种材质的基层均有良好的粘结力，是一种理想的防水、防潮、防渗材料。

(4) 可与玻璃布或聚酯无纺布组合作复合防水层，用于屋面、墙体、地下室、卫生间、贮水池、仓库、桥梁、地下管道等建筑物的防水防渗工程，也适用于振动较大的工业厂房建筑工程。

2. SBS 改性沥青防水涂料的物理性能

SBS 改性沥青防水涂料的物理性能如表 3－17 所示。

表 3－17 SBS 改性沥青防水涂料的物理性能

项目	
外观	黑色黏稠液体
含固量	≥50%
粘结性	与水泥耗资粘结强度≥0.3MPa
耐热性	80±2℃，5h 垂直放置，不起泡、起层、脱落
抗裂性	－20±2℃，涂膜厚度 0.3～0.4mm，涂膜不裂的基层裂缝宽≥1mm
不透水性	动水压：0.2MPa，30min 不透水
	静水压：Ø60mm 玻管，水柱高 40mm，100d，不透水
人工老化	水冷氙灯照射 300h，无异常
耐酸性	20±2℃，1% H_2SO_4 溶液浸泡 30d，无异常
耐碱性	20±2℃，饱和 $Ca(OH)_2$ 溶液浸泡 30d，无异常
耐湿性	湿度 90%，温度 35～40℃，100d，无异常

六、聚氨酯(PU)防水涂料

聚氨酯防水涂料又名聚氨酯涂膜防水材料，是由甲组分(聚氨酯预聚体)和乙组分(固化剂及其助剂的混合物)按一定比例混合所形成的一种反应型涂膜防水材料。

1. 分类

(1)非焦油系列双组分聚氨酯涂膜防水材料。

该类涂料是借助组分间发生化学反应而直接从液态变为固态，几乎不产生体积收缩。分为彩色和黑色两种。非焦油类防水材料具有橡胶状弹性，延伸性好，抗拉强度和撕裂强度高，有优异的耐候、耐油、耐磨、不燃烧性能，同时，该涂料还具有一定的耐酸碱及阻燃性，与各基层的粘结性能优良，涂膜表面光滑，施工简便，使用温度区间为－30～80℃。故适用于各类尤其是防水等级要求较高的建筑防水工程。

(2)焦油系列双组分聚氨酯涂膜防水材料。

该种涂料呈黑色，有相关性能与无焦油系列双组分聚氨酯涂膜防水材料基本相似，但反应速度不易调整，性能指标较易波动。故不适于外露的屋面防水工程。

2．物理性能

(1)聚氨酯防水涂料的液体应均匀。

(2)产品应用带盖的铁桶或塑料桶标记甲、乙组分，分别密封包装，并在标记上说明甲、乙组分的重量比。

(3)聚氨酯防水涂料标准见表3－18所示。

表3－18　聚氨酯防水涂料标准

	状态	优等品	一等品	合格品
拉伸试验拉伸强度(MPa)	无处理	＞2.45	＞2.00	＞1.65
	加热处理	无处理值的80％～150％	无处理值的80％～200％	＞1.65
	紫外线处理	无处理值的80％～150％	无处理值的80％～200％	＞1.65
	碱处理	无处理值的60％～150％	无处理值的80％～200％	＞1.65
	酸处理	无处理值的80％～150％	无处理值的80％～200％	＞1.65
拉伸试验断裂时的伸长率(％)	无处理	＞450	＞450	＞400
	加热处理	＞300	＞300	＞250
	紫外线处理	＞300	＞300	＞250
	碱处理	＞300	＞300	＞250
	酸处理	＞300	＞300	＞250
加热伸缩率(％)	伸长	＜1	＜1	＜1
	缩短	＜4	＜4	＜4

（续）

	状态	优等品	一等品	合格品
拉伸时的老化	加热老化	无裂缝及变形	无裂缝及变形	无裂缝及变形
	紫外线老化	无裂缝及变形	无裂缝及变形	无裂缝及变形
低温柔度韧性（℃）	无处理	－35	－35	－30
	加热处理	－30	－30	－25
	紫外线处理	－30	－30	－25
	碱处理	－30	－30	－25
	酸处理	－30	－30	－25
不透水性 2h 不透水		0.3MPa	0.3MPa	0.3MPa
施工厚度(mm)		≥2	≥2	≥2

3．特点

聚氨酯防水涂料的优缺点见表 3－19。

表 3－19　聚氨酯防水涂料的优缺点

优点	缺点
1.固化前为无定形粘稠状液态物质，在任何复杂的基层表面均易于施工，对端部收头容易处理，防水工程质量易于保证 2.借化学反应成膜，几乎不含溶剂，体积收缩小，易做成较厚的涂膜，涂膜防水层无接缝，整体性强 3.冷施工作业，操作安全 4.涂膜具有橡胶弹性，延伸性好，拉伸强度和撕裂强度均较高 5.对在一定范围内的基层裂缝有较强的适应性	1.原材料为较昂贵的化工材料，故成本较高，售价较贵 2.施工过程中难以使涂膜厚度做到像高分子防水卷材那样均匀一致。为使防水涂膜的厚度比较均一，必须要求防水基层有较好的平滑度，并要加强施工技术管理，严格执行施工操作规程 3.有一定的可燃性和毒性 4.本涂料为双组分反应器，需在施工现场准确称量配合，搅拌均匀，不如其他单组分涂料使用方便 5.必须分层施工，上下覆盖，才能避免产生直通针眼气孔

4．适用范围

聚氨酯防水涂料适用于各种屋面防水工程（需覆盖保护层）；

地下建筑防水工程、厨房、浴室、卫生间防水工程、水池、游泳池防漏；地下管道防水、防腐蚀等。

七、改性沥青密封材料

以石油沥青为基料，以适量的合成高分子化合物进行改性，加入填充材料和其他化学助剂配制而成的密封材料，称为改性沥青密封材料。

1. 建筑防水沥青嵌缝油膏

建筑防水沥青嵌缝油膏是以石油沥青为基料，加入改性材料及填充材料混合制成的冷用膏状材料。

根据组成材料的不同，目前常见的品种有沥青基橡胶防水油膏、桐油废橡胶沥青防水油膏等。

其特点是：

(1)冷冲施工，操作简便、安全。

(2)一定的气候适应性，夏天70℃不流淌，冬天－10℃不催裂。

(3)优良的粘结及防水性。

(4)塑性为主，延伸性好，回弹性差。

(5)较好的耐久性。

(6)价格较低廉。

2. 聚氯乙烯建筑防水接缝材料

聚氯乙烯建筑防水接缝材料是以聚氯乙烯树脂为基料，加以适量的改性材料及其他添加剂配制而成的密封材料。

按施工工艺的不同，聚氯乙烯建筑防水接缝材料分为热塑型(即聚氯乙烯胶泥)与热熔型(即塑料油膏)两种。

其特点是：

(1)具有良好的粘结性与防水性。

(2)耐热度大于80℃，夏季不流淌，不下垂，适合于各地区气候条件和各种坡度。

(3)较好的弹性，当被拉伸至原长的2.5倍以下时，与两侧混凝土粘结面不脱落，能保持接缝的连续性；回弹率达80%以上，能适应振动、沉降、拉伸等引起的变形要求。

(4)－20℃及－30℃温度下不脆、不裂，仍具有一定弹性。

(5)较好的耐腐蚀性和耐老化性。

(6)对钢筋无锈蚀作用。

(7)其中热塑型接缝材料即聚氯乙烯胶泥不但可用于灌缝密封，还可用于屋面满涂。

八、合成高分子密封材料

以合成高分子材料为主体，加入适量的化学助剂、填充料和着色剂，经过特定的生产工艺加工而成的膏状密封材料，称为合成高分子密封材料。

高分子密封材料以其优异的性能，高弹性、优良的耐候性、粘结性及耐疲劳性，越来越得到广泛的应用，代表着今后密封材料的发展方向。

1. 水乳型丙烯酸建筑密封膏

水乳型丙烯酸建筑密封膏是以丙烯酸酯乳液为胶结剂，加入少量表面活性剂、增塑剂、改性剂以及填充料、颜料等配制而成的。

其特点是：

(1)以水为稀释剂安全可靠。

(2)具有良好的粘结性、延伸性、施工性、抗热性及抗大气老化性，优异的低温柔性。

(3)可在潮湿的基层上施工，操作方便，施工用具易于清洗。

(4)可与基层配色，调制成各种不同色彩，无损装饰。

可适用于刚性屋面混凝土或金属板缝的密封；也适用于小尺寸混凝土墙板、钢塑门窗、玻璃、陶瓷、石膏板及塑料间的密封防水。

2. 氯磺化聚乙烯建筑密封膏

氯磺化聚乙烯建筑密封膏是以氯磺化聚乙烯为主剂，加适量硫化剂、促进剂、软化剂、填充剂，经混炼、研磨等工序加工制成的膏状物质。产品为单组分。

其特点是：

(1)优良的弹性，高的内聚力。

(2)耐臭氧、耐紫外线、耐湿热、耐候性、耐老化性能突出，使用寿命在15年以上。

(3)具有难燃性，为自熄性材料。

(4)耐高低温性能好，－20～100℃温度下连续使用保持柔韧性。

(5)具有良好的粘结性能。

(6)可配制各种色彩，且不易褪色。

适用于一般基层伸缩变形的需要，并可用于作相容卷材的搭接缝及收头密封；同时可用于装配式外墙板缝、混凝土变形缝和各种窗口、门框四周缝隙以及玻璃安装工程的嵌缝密封等。

3. 聚氨酯建筑密封膏

聚氨酯建筑密封膏是以异氰酸基为基料和含有活性氢化合物的固化剂组成的一种常温反应固化型弹性密封材料。产品分为单组分和双组分，目前国内仅有双组分聚氨酯密封膏，产品属中高档密封材料。

其特点是：

聚氨酯建筑密封膏具有弹性模量低，延伸率大、弹性高、粘结性好，耐低温、耐水、耐油、耐酸碱、耐疲劳及使用年限长等优点，且价格适中。可用于中、高级屋面接缝防水；也适用于墙面、地下室、门窗、公路、桥梁、运动场、飞机场等结构接缝的密封。

九、防水堵漏材料

1. 促凝灰浆

促凝灰浆是将促凝剂掺入到水泥砂浆或混凝土中配制而成的渗漏水堵漏材料。在水泥砂浆或混凝土中加入促凝剂的作用主要是为了加快灰浆的凝结速度，从而使渗漏水尽快堵住。

采用促凝灰浆堵漏，适用于地下室、水池、基础坑、沟道等的孔洞修补，较宽裂缝漏及大面积渗漏水的修补。

目前常用的促凝剂有两类：一类是以硅酸钠（水玻璃）为基本原料，按一定配合比掺入适量的水和数种矾类（即通常所称的二矾、三矾、四矾、五矾促凝剂）配制而成的一种具有促凝作用的快速堵漏材料，但此类堵漏材料不宜掺入水泥砂浆中用作防水砂浆抹面；另一类则是以硅酸钠（水玻璃）为基料，掺入适量的硫酸、荧光粉（硫化锌）和水配制而成的快燥型促凝剂。

硅酸钠类促凝剂，不论是哪一种，配制时蓝矾（硫酸铜）和红矾（重铬酸钾）是最基本的。硅酸钠类促凝剂也叫防水油、防水药水、防水剂（二矾促凝剂即二矾防水剂）。这四种防水剂相较，差别不大，均可作促凝剂，但采用的矾类越多，其性能越稳定，堵漏效果越好。

硅酸钠防水剂的特点是：

(1)使用范围广，与水泥拌合可制成防水水泥胶浆，掺入混凝土中则可成为防水混凝土，但需注意不能掺入承重结构的混凝土中。

(2)材料来源广，价格低廉。

(3)凝固时间短，对渗水部位可迅速起到堵漏作用。

2. 无机高效防水粉

无机高效防水粉是一种水硬性无机型胶凝材料，与水调合硬化后即具有防水、防渗性能。这种材料外观一般为白色或灰色粉末状材料。无机高效防水粉产品较多如确保时、防水皇、堵漏灵、FK 堵漏剂、901 速效堵漏剂、水不漏等多种，这些高效无机防水粉均具有抗渗、防潮、防水、堵漏的功能。其中确保时及防水宝 I 型可配制成各种颜色，其技术性能、使用方法大同小异，可根据工程需要和使用效果，加以选用。

无机高效防水粉的特点：

(1)无毒无味,不污染环境。

(2)耐高、低温,耐腐蚀(盐碱),不易老化。

(3)施工简便,迎水面、背水面施工均可达到相同的防水效果。

(4)在潮湿基面上施工,带水堵漏,有立刻止漏(流)之功效。

(5)粘结力强,能与砖、石混凝土、水泥砂浆等牢固地结合成整体。

(6)适用范围大,对各类新旧建筑、地下工程、市政工程、水利工程等均可用于防水、防渗与堵漏。

(7)这些材料还可掺加颜料,配制成彩色无矾水抹灰材料.用于内外墙的防水与装饰。

第四单元　屋面防水施工

模块一　屋面防水施工概述

一、屋面防水构造

1. 平屋面构造

平屋面构造简单，屋顶可以用作活动场所。但由于坡度小，排水慢，屋面积水机会多，容易出现渗漏。所以对平屋面的防水处理，要精心设计，精心施工。

平屋面分为上人屋面和不上人屋面两种。上人屋面视用途不同，还可在防水层上再作饰面层，如整浇混凝土、水泥砂浆抹面或铺贴各类装饰板材。

从防水方法上分，又可分为柔性防水屋面和刚性防水屋面。柔性防水是用各类防水卷材或防水涂料进行防水；而刚性防水则是用混凝土或砂浆进行防水，刚性防水层可不做保护层。另外，根据建筑物重要性及设防要求，也可采用刚柔结合的复合防水作法。

平屋面一般构造作法如图 4－1 所示。

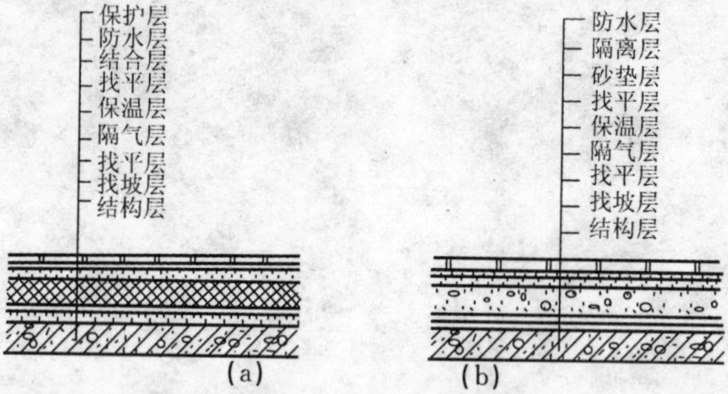

4－1　屋面构造
(a)柔性防水屋面　　(b)刚性防水屋面

2. 保温隔热屋面

(1)架空隔热屋面。它是用烧结黏土或混凝土制成的薄型制品,覆盖在屋面防水层上并架高留有一定高度的空间,利用空气流动加快散热,起到隔热作用的屋面。架空隔热屋面的构造如图 4—2 所示。

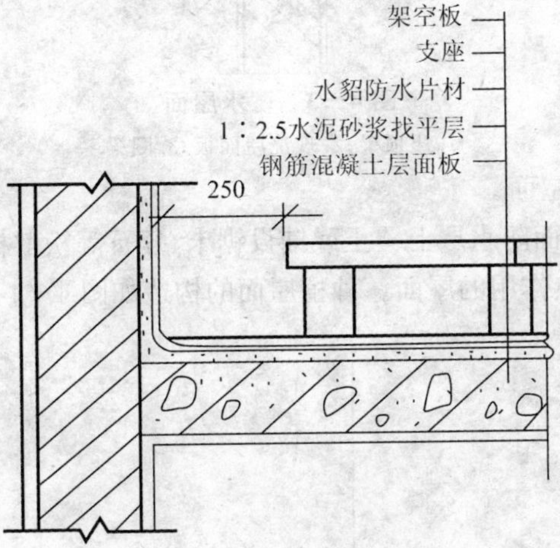

图 4—2　架空隔热屋面

(2)蓄水屋面。它是在屋面防水层上蓄一定高度的水,以起到隔热作用的屋面。刚性蓄水屋面由于直接利用混凝土作为防水层,充分发挥了水硬性材料的特点,不仅防水抗渗性能强,热工性能好,还可避免混凝土的碳化、风化,而且造价较低,维修方便。蓄水屋面的构造如图 4—3 所示。

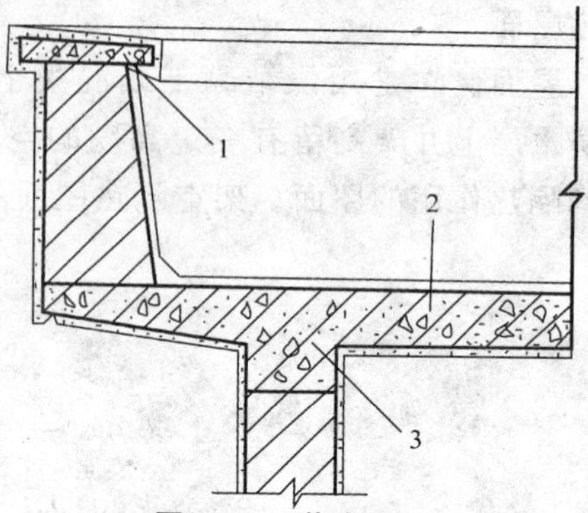

图 4—3　蓄水屋面

1. 压顶梁；2. 现浇屋面板；3. 圈梁

(3)种植屋面。

它是在屋面防水层上覆土或铺设锯末、蛭石等松散材料，并种植植物，以起到隔热作用的屋面。种植屋面的构造如图 4—4 所示。

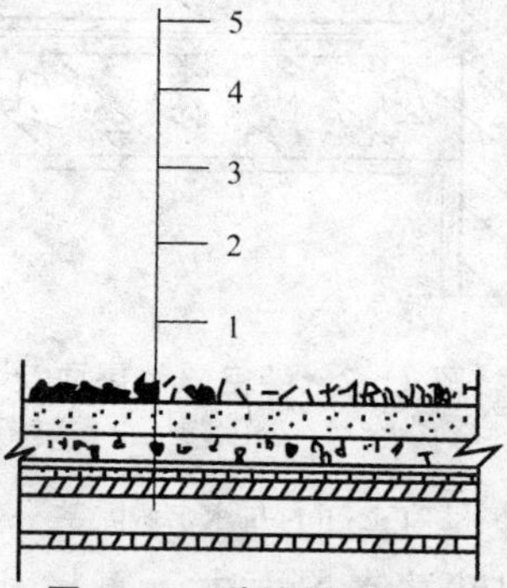

图 4—4　种植屋面构造

1. 钢筋混凝土空心板；2. 卷材防水层；3. 水渣 50 厚；4. 蛭石 100～150 厚；5. 草被

(4)倒置式屋面。

它是将憎水性保温材料设置在防水层上的屋面。这种屋面可避免较大的温差应力，被认为是一种极有前途的屋面构造形式，其关键是选择良好的保温材料。而聚苯保温板可阻止紫外线对卷材防水层的破坏作用，并且施工和维修方便。图 4—5 是倒置式屋面构造。

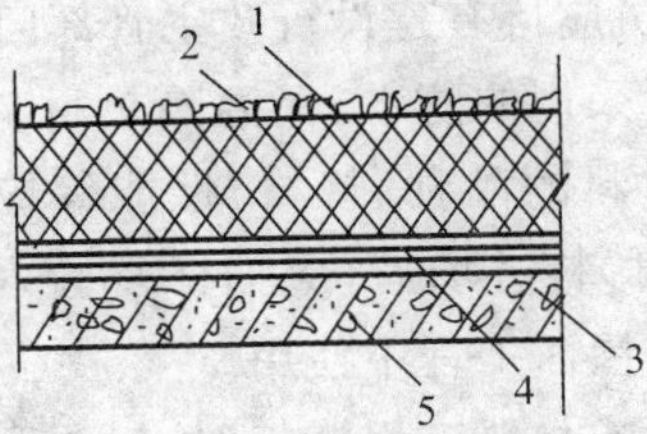

图 4－5　倒置式屋面构造

1.保护层；2.保温层；3.防水层；4.找平层；5.结构层

二、屋面防水工程的分类

屋面防水工程按采用材料不同，可分为柔性防水和刚性防水两大类，具体分类见表 4－1。

表 4－1　屋面防水分类

柔性防水	卷材防水	沥青防水卷材 高聚物改性沥青防水卷材 合成高分子防水卷材
	涂膜防水	沥青基防水涂料 高聚物改性沥青防水涂料 合成高分子防水涂料
刚性防水	混凝土防水	普通细石混凝土　预应力混凝土 补偿收缩混凝土　钢纤维混凝土 块体刚性材料　粉末状憎水材料 水泥砂浆

三、屋面防水工程设计与施工的基本规定

（1）屋面工程应根据工程特点、地区自然条件等，按照屋面防水等级的设防要求，进行防水结构设计，重要部位应有详图；对屋面保温层的厚度，应通过计算确定。

（2）屋面工程施工前，施工单位应进行图纸会审，并应编制屋面工程施工方案或技术措施。

（3）屋面工程施工时，应建立各道工序的自检、交接检和专职人员检查的“三检”制度，并有完整的检查记录。每道工序完成，应经监理单位（或建设单位）检查验收，合格后方可进行下道工序的施工。

（4）屋面工程的防水层应由经资质审查合格的防水专业队伍

进行施工。作业人员应持有建设行政主管部门颁发的上岗证。

(5)屋面工程所采用的防水、保温隔热材料应有产品合格证书和性能检测报告,材料的品种、规格、性能等应符合现行国家产品标准和设计要求。材料进场后,应抽样复验,并提出试验报告;不合格的材料,不得在屋面工程中使用。

(6)当下道工序或相邻工程施工时,对屋面已完成的部分应采取保护措施。

(7)伸出屋面的管道、设备或预埋件等,应在防水层施工前安设完毕。屋面防水层完工后,不得在其上凿孔打洞或重物冲击。

(8)屋面工程完工后,应按有关规定对细部构造、接缝、保护层等进行外观检验,并应进行淋水或蓄水检验。

(9)屋面的保温层和防水层严禁在雨天、雪天和五级风及其以上时施工。施工环境气温宜符合以下的要求:

①粘结保温层,热沥青不低于−10℃,水泥砂浆不低于5℃;

②沥青防水卷材,不低于5℃;

③高聚物改性沥青防水卷材,冷粘法不低于5℃;热熔法不低于−10℃;

④合成高分子防水卷材,冷粘法不低于5℃,热风焊接法不低于−10℃;

⑤高聚物改性沥青防水涂料,溶剂型不低于−5℃,水溶型不低于5℃;

⑥合成高分子防水涂料,溶剂型不低于−5℃,水溶型不低于5℃;

⑦刚性防水层,不低于5℃。

四、屋面工程防水材料的选择

屋面工程的防水设防,应根据建筑物的防水等级、防水耐久年限、气候条件、结构形式和工程实际情况等因素来确定防水设计方案和选择防水材料,并应遵循"防排并举,刚柔结合,嵌涂合一,复合防水，多道设防”的总体方针进行设防。

1. 根据防水等级进行防水设防和选择防水材料

对不同防水等级的建筑物应按《屋面工程质量验收规范》GB50207－2002的要求选择防水材料和进行防水设防。其中对重要或特别重要的防水等级为Ⅰ级、Ⅱ级的建筑物，除了应作二道、三道或三道以上复合设防水，每道不同材质的防水层都应采用优质防水材料来铺设。这是因为，不同种类的防水材料，其性能特点、技术指标、防水机理都不尽相同，将几种防水材料进行互补和优化组合，可取长补短，就能达到理想的防水效果。多道设防，既可采用不同种防水卷材（或其他同种防水卷材）进行多叠层设防，又可采用卷材、涂膜、刚性材料进行复合设防，并且是最为理想的防水技术措施。当采用不同种防水材料进行复合设防时，应将耐老化、耐穿刺的防水材料放在最上面。面层为柔性防水材料时，一般还应用刚性材料作保护层。

2. 根据气候条件进行防水设防和选择防水材料

我国幅员辽阔，南北温差很大，同一地区的最高、最低年温差，季节温差，日温差也很大，而且目前屋面防水下面的保温层大都采用能有效阻隔室内外温度交换的节能型轻质保温隔热材料，具有良好的保温性和隔热性，使防水层承受的温度夏季更高，冬季更低。所以应根据近年来所记载的当地最高、最低气温（年温差、季节温差、日温差）条件来选择具有良好高低温性能的防水材料。一般来说，北方寒冷地区可优先考虑选用三元乙丙橡胶防水卷材，氯化聚乙烯－橡胶共混防水卷材等合成高分子防水卷材，或选用SBS改性沥青防水卷材、焦油沥青耐低温卷材，或选用具有良好低温柔韧性的合成高分子防水涂料、高聚物改性沥青防水涂料等防水材料。南方炎热地区可选择APP改性沥青防水卷材、合成高分子防水卷材和具有良好耐热性的合成高分子防水涂料，或采用掺入微膨胀剂的补偿收缩水泥砂浆，细石混凝土刚性防水材料作防水层。

3. 根据温度条件进行防水设防和选择防水材料

对于我国南方处于梅雨区域的多雨、高温地区，宜选用吸水率低、无接缝、整体性好的合成高分子涂膜防水材料作防水层，或采用以排水为主、防水为辅的瓦屋面结构形式，或采用补偿水泥砂浆、细石混凝土刚性材料作防水层。如采用合成高分子防水卷材作防水层，则卷材搭接边应切实粘结紧密，搭接缝应用合成高分子密封材料封严；如用高聚物改性沥青防水卷材作防水层，则卷材的搭接边宜采用热熔焊接，尽量避免因接缝不好而产生渗漏。

4. 根据结构形式进行防水设防和选择防水材料

对于结构较稳定的钢筋混凝土屋面，可采用补偿收缩防水混凝土作防水层，或采用合成高分子防水卷材、高聚物改性沥青防水卷材、沥青防水卷材作防水层。

对于预制化、异型化、大跨度、频繁振动的屋面，容易增大移动量和产生局部变形裂缝，就可选择高强度、高延伸率的三元乙丙橡胶防水卷材和氯化聚乙烯——橡胶共混防水卷材等合成高分子防水卷材，或具有良好延伸率的合成高分子防水涂料等防水材料作防水层。

5. 根据防水层暴露程度进行防水设防和选择防水材料

用柔性防水材料作防水层，一般应在其表面用浅色涂料或刚性材料作保护层。用浅色涂料做保护时，防水层呈“外露”状态而长期暴露于大气中，所以应选择耐紫外线、热老化保持率高和耐霉烂性能相适应的各类防水卷材或防水涂料作防水层。

6. 根据不同部位进行防水设防和选择防水材料

对于屋面工程来说，细部构造（如檐沟、变形缝、女儿墙、水落口、伸出屋面管道、阴阳角等）是最易发生渗漏的部位。对于这些部位应加以重点设防。即使防水层由单道防，水材料构成，细部构造部位亦应进行多道设防。贯彻“大面防水层单道构成，局部（细部）构造复合防水、多道设防”，指的是在细部构造部位增设附加防水层。对于形状复杂的细部，构造基层（如圆形、方形、角形等），当采用卷材作大面防水层时，可用整体性好的涂膜作附加防水层。

7. 根据环境介质进行防水设防和选择防水材料

某些生产酸、碱化工产品或用酸、碱产品作原材料的工业厂房或贮存仓库，空气中散发出一定量的酸、碱气体介质，这对柔性防水层有一定的腐蚀作用，所以应选择具有相应耐酸、耐碱性能的柔性防水材料作防水层。

五、屋面防水构造层次组合

在屋面防水层设计时，对于重要的建筑物可采用多道设防，而对于一般工业和民用建筑，则可以采用一道防水设防，但同时允许两种材料复合使用。多道设防有两层含义：一是指各种不同防水材料都能独自构成防水层；二是指不同形态及不同材性的几种防水材料的复合使用，如采用防水卷材、防水涂膜、刚性防水材料等三种不同材料复合构成三道防线，也可以为了提高防水整体性能，在不同部位采用复合防水做法，如在节点部位和表面复杂、不平整的基层上采用涂膜防水、密封材料嵌缝，而在平整的大面积上则采用铺贴卷材来防水。因而在多道设防中，实际上包含了复合防水的做法。

根据不同屋面防水等级与设防要求，将不同防水材料进行组合而成的部分搭配组合资料见表 4－2。

表 4－2　不同防水材料搭配防水

屋面防水等级	防水层构造层次	说明
I级三道设防		第一道防线是细石混凝土，下面为卷材、涂膜。混凝土有优良的抗穿刺和耐老化性能，对下面两道防水层起保护作用；而柔性防水层有良好的适应基层变形的能力，弥补了刚性防水层易开裂的弱点，实现了刚柔互补
		第一道防线是涂膜，下面为细石混凝土、卷材。在混凝土上涂刷涂膜，涂料不仅可封闭混凝土上的毛细孔和微小裂纹，还可防止混凝土风化、碳化，并且便于维修。必要时，可再涂一道防水层

（续）

屋面防水等级	防水层构造层次	说 明
Ⅰ级三道设防		将细石混凝土放在下面，上面做一道防水涂膜，涂膜上做保温层，抹找平层，最上 面做卷材防水层。这种做法利用工厂生产的合成高分子卷材作为第一道防线，可充 分发挥其耐用年限长的优势
		这种做法适用于倒置式屋面。将涂膜、卷材全部做在细石混凝土防水层上，最后做保温层。涂膜可封闭混凝土的毛细孔和微裂，卷材可弥补涂膜厚薄不匀的缺陷，保温层可防止柔性防水层老化或受冲击、穿刺等问题
		在 8mm 厚的粉状憎水材料层上做细石混凝土防水层，混凝土防水层上铺设一道 合成高分子卷材。这种做法不仅可提高屋面整体的防水性能，而且可避免粉状憎水 材料由分格缝或混凝土的裂缝中扩散出来
		在粉状憎水材料上用水泥砂浆找平层，上铺一道合成高分子防水卷材，最上面为细石混凝土防水层。这种做法有利于提高整个屋面的耐穿刺、耐老化性能
Ⅱ级二道设防	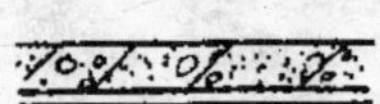	细石混凝土防水层下是一道 3mm 厚的高聚物改性沥青卷材或 1.2mm 厚的合成 高分子卷材。卷材有混凝土保护，可提高防水层的耐用年限
		细石混凝土防水层下面为一道 3mm 厚的高聚物改性沥青防水涂膜或 2mm 厚的 合成高分子防水涂膜。这种做法，混凝土防水层防止了涂膜老化或被冲击、穿刺
		在找平层上先作一道 2mm 厚的合成高分子防水涂膜或 3mm 厚的改性沥青防水涂膜，防水涂膜封闭了所有节点和复杂部位。在防

（续）

屋面防水等级	防水层构造层次	说 明
		水涂膜上面再铺贴一道 1.2mm 厚的合成高分子卷材或 3mm 厚的改性沥青卷材，这将有利于提高涂膜的耐久性
		在找平层上先铺贴一道合成高分子防水卷材或改性沥青卷材，然后在上面涂刷规定厚度的合成高分子涂膜或高聚物改性沥青涂膜。这种做法有利于弥补卷材接缝封闭不严的弱点，并且便于维修和重新涂刷
Ⅱ级二道设防		这种做法适用于倒置式屋面，可将卷材或涂膜防水层做在混凝土防水层上，上面再做保温层。由于柔性防水层有保温层的保护，可防止柔性防水层老化或被刺穿，故有利于提高防水层的寿命
		目前有些地区，为解决屋面渗漏问题，在原有的细石混凝土防水层上，又加做一道卷材防水层。这种做法，用于对原有屋面的处理，尚可以；但如为新做屋面，由于将耐老化、耐穿刺性能差的材料放在上面，故构造上是不合理的
Ⅲ级二道设防		下面为 1mm 厚的合成高分子涂膜（如 PVC 焦油涂料、聚氨酯涂膜等）或 1.5mm 厚的高聚物改性沥青防水涂膜，上面为较薄的卷材（如 2mm 厚的 PVC 柔毡、1mm 厚的合成高分子卷材），复合为一道防水层，其中的防水涂料，既是一个涂层，又可看成是胶粘剂
		下面为传统的二毡三油，上面为 2mm 厚的高聚物改性沥青卷材复合。由于上面是一层技术性能好的卷材，提高了防水层抗老化、耐紫外线、耐低温的性能

（续）

屋面防水等级	防水层构造层次	说明
Ⅲ级二道设防		下面为1mm厚的合成高分子卷材或2mm厚的高聚物改性沥青卷材，上面为1mm厚的合成高分子涂膜或1.5mm厚的高聚物改性沥青涂膜，两者复合，上面的涂膜弥补了卷材接缝的弱点，又起到了保护卷材的作用，并且便于维修或重新涂刷
		下面为1mm厚的合成高分子卷材，上面为2mm厚的高聚物改性沥青卷材，两者复合，大大延长了合成高分子卷材的寿命，且便于维修
		下面为2mm厚的高聚物改性沥青卷材，上面为1mm厚的合成高分子卷材，两者复合，改性沥青卷材受到保护，延长了寿命，甚至可与合成高分子卷材同步老化
表中	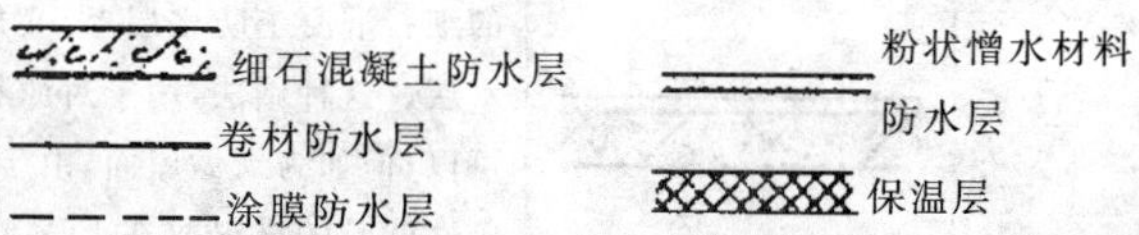	

模块二　屋面卷材防水工程的施工

卷材防水属于柔性防水，包括沥青卷材防水、高聚物改性沥青卷材防水、合成高分子卷材防水三大系列。适用于屋面防水等级为Ⅰ～Ⅳ级的工业与民用建筑。

一、卷材防水屋面构造层次

卷材防水屋面是指利用胶结材料采用各种形式粘贴卷材进行防水的屋面。其典型构造层如图4－6所示。

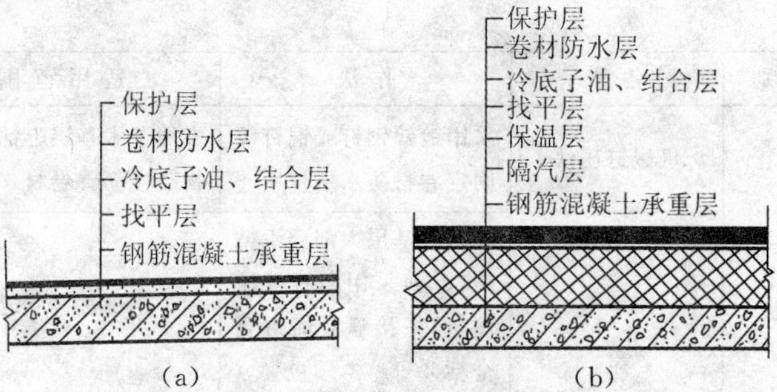

图 4－6　卷材防水屋面构造层次

(a)不保温卷材屋面；(b)保温卷材屋面

二、卷材防水层的施工工艺

卷材防水施工常见的施工工艺参见表 4－2。

表 4－2　卷材防水施工方法和适用范围

工艺类别	名 称	作 法	适 用 范 围
热施工工艺	热玛蹄脂粘贴法	传统施工方法，边浇热玛蹄脂边滚铺油毡，逐层铺贴	石油沥青油毡三毡四油(二毡三油)叠层铺贴
	热熔法	采用火焰加热器熔化热熔型防水卷材底部的热熔胶进行粘结	有底层热熔胶的高聚物改性沥青防水卷材
	热风焊接法	采用热空气焊枪加热防水卷材搭接缝进行粘结	热塑性合成高分子防水卷材搭接缝焊接
冷施工工艺	冷玛蹄脂粘贴法	采用工厂配制好的冷用沥青胶结材料，施工时不需加热，直接涂刮后粘贴油毡	石油沥青油毡三毡四油(二毡三油)叠层铺贴
	冷粘法	采用胶粘剂进行卷材与基层、卷材与卷 材的粘结，不需要加热	合成高分子卷材、高聚物改性沥青防水卷材
	自粘法	采用带有自粘胶的防水卷材，不用热施工，也不需涂刷胶结材料，直接进行粘结	带有自粘胶的合成高分子防水卷材及高聚物改性沥青防水卷材

（续）

工艺类别	名 称	作 法	适 用 范 围
机械固定工艺	机械钉压法	采用镀锌钢钉或铜钉等固定卷材防水层	多用于术基层上铺设高聚物改性沥青卷材
	压埋法	卷材与基层大部分不粘结，上面采用卵石等压埋，但搭接缝及周边要全粘	用于空铺法、倒置屋面

三、卷材铺设的一般操作工艺要求

1．卷材防水施工程序

叠层热施工、叠层冷施工、热熔卷材施工、自粘卷材施工、冷粘贴卷材施工、卷材焊接施工的工艺流程，分别见图 4－7、图 4－8、图 4－9、图 4－10、图 4－11 和图 4－12。

2．基层处理剂的涂刷。

涂刷前，首先检查找平层的质量和干燥程度，并加以清扫，符合要求后才可进行，在大面积涂刷前，应用毛刷对屋面节点、周边、拐角等部位先行处理。

（1）冷底子油的涂刷。

冷底子油作为基层处理剂主要用于热粘贴铺设沥青卷材，涂刷要薄而均匀，不得有空白、麻点、气泡。如果基层表面过于粗糙，宜先刷一遍慢挥发性冷底子油。涂刷时间宜在铺毡前 1～2d 进行。

（2）基层处理剂的涂刷。

铺贴高聚物改性沥青卷材和合成高分子卷材采用的基层处理剂的一般施工操作与冷底子油基本相同，一般气候条件下基层处理剂干燥时间为 4h 左右。

3．卷材施工顺序

卷材铺贴应“先高后低，先远后近”的顺序施工。即高低跨屋面，应先铺高跨屋面，后铺低跨屋面；在同高度大面积的屋面，应先铺离上料点较远的部位，后铺较近部位。这样操作和运料时，对已完工的屋面防水层就不会遭受施工人员的踩踏破坏。

卷材防水大面铺贴前，应先做好节点处理、附加层铺设以及排水集中部位的处理，以保证工程质量。

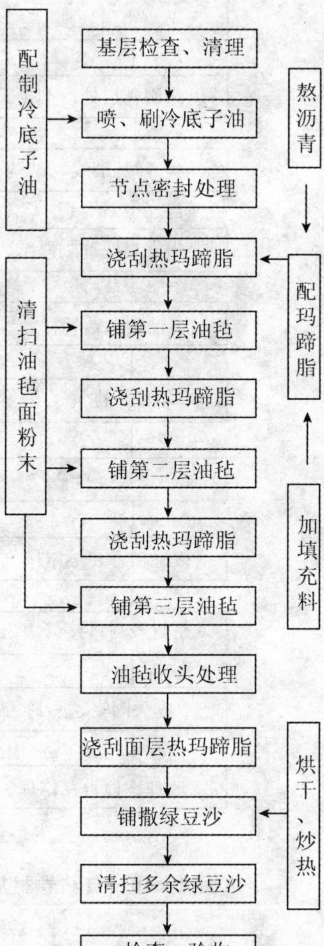

图 4—7　叠层热施工

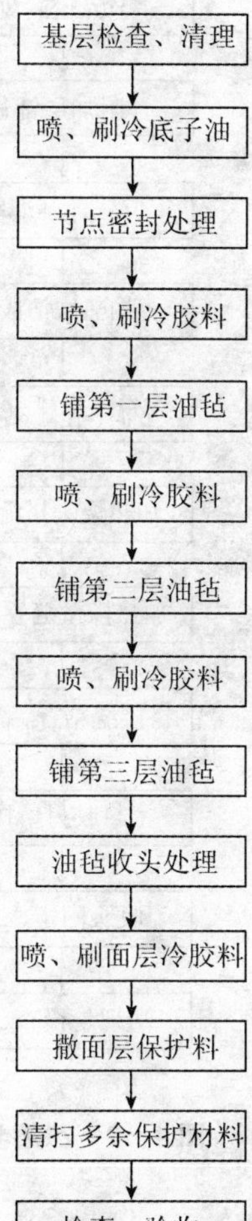

图 4—8　叠层冷施工

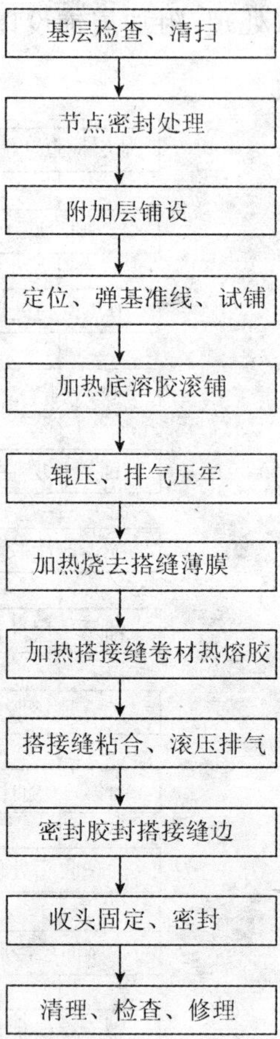

图 4—9　热熔卷材施工

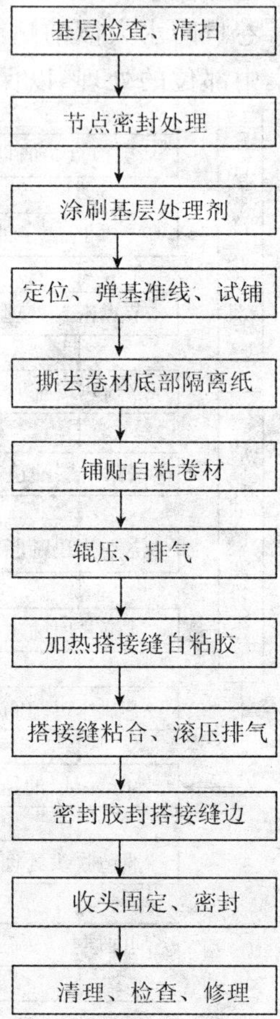

图 4—10　自粘卷材施工

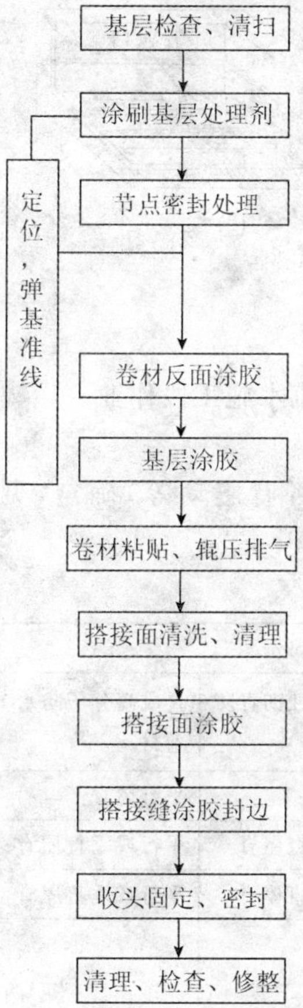

图 4—11　冷粘贴卷材施工

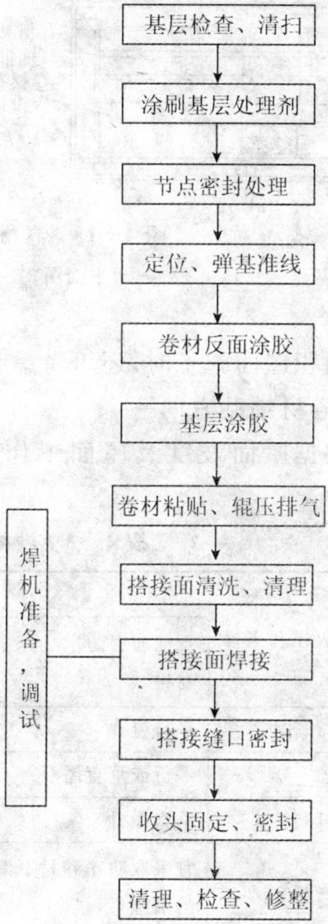

图 4—12　卷材焊接施工

卷材铺贴应逆主导风向进行，使卷材接缝顺主导风向粘贴牢固。即卷材铺贴从屋面最低标高处开始，如檐口、天沟部位再向上铺设。尤其在铺设天沟的卷材，宜顺天沟方向铺贴，从水落口处向分水线方向铺贴，以减少搭接。如图 4—13 所示。

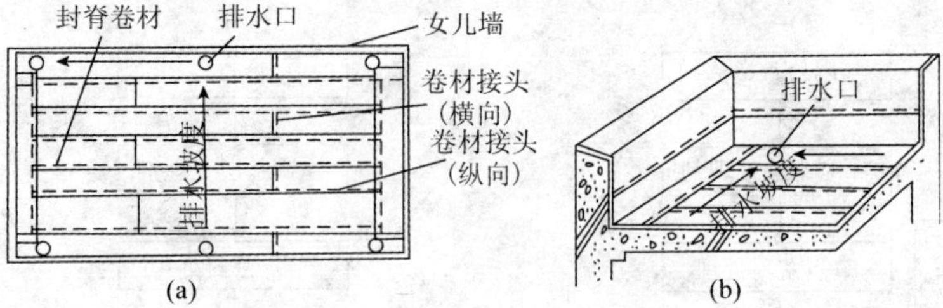

图 4－13　卷材配置示意图

(a)平面图　　(b)剖面图

大面积屋面施工时，还可考虑划分若干流水施工段作业。

4．卷材铺贴方向

应根据屋面坡度及屋面工作条件（是否有震动等）确定，见表4－3。

表 4－3　卷材铺贴方向

屋面坡度及工作条件	铺贴方向		
	石油沥青防水卷材	高聚物改性沥青防水卷材	合成高分子防水卷材
坡度小于 3%时	平行屋脊	平行屋脊	平行屋脊
坡度为 3%～15%	平行或垂直屋脊	平行或垂直屋脊	平行或垂直屋脊
坡度大于 15%	垂直屋脊	平行或垂直屋脊	平行或垂直屋脊
坡度大于 25%	宜采取防止卷材下滑的措施		
屋面受震动时	垂直屋脊	平行或垂直屋脊	平行或垂直屋脊
叠层铺贴时	上下层卷材不得互相垂直		
铺贴天沟、檐沟卷材时	宜顺天沟、檐沟方向，减少搭接		

5．卷材的搭接

铺贴卷材采用搭接方法。相邻两幅卷材短边接缝应错开不小于 500mm。上下两层卷材其长边接缝应错开 1/3 或 1/2 幅宽。平行于屋脊的搭接缝应顺流水方向搭接；垂直于屋脊的搭接缝应顺主导风向搭接。如图 4－14 和图 4－15 所示。

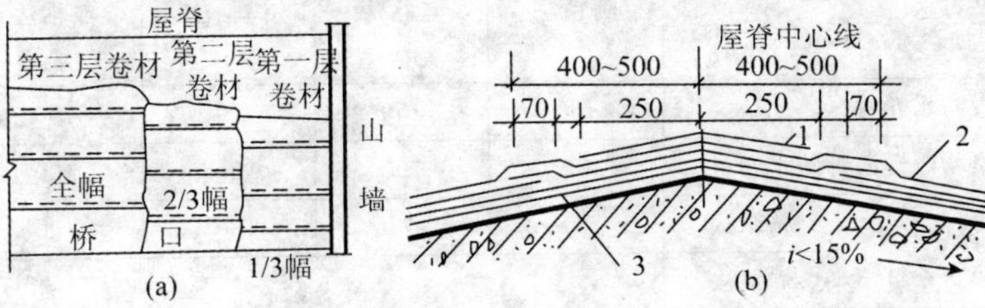

图 4－14　平行于屋脊方向铺贴卷材

(a)上下各层错开搭接　(b)在屋脊处增设附加层

1. 卷材附加层；2. 设计卷材；3. 基层

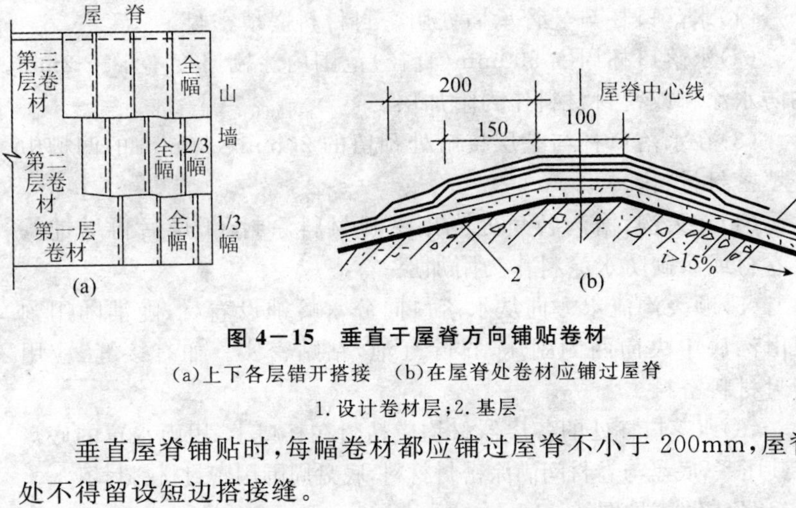

图 4－15　垂直于屋脊方向铺贴卷材

(a)上下各层错开搭接　(b)在屋脊处卷材应铺过屋脊

1. 设计卷材层；2. 基层

垂直屋脊铺贴时，每幅卷材都应铺过屋脊不小于 200mm，屋脊处不得留设短边搭接缝。

叠层铺设的各层卷材，在天沟与屋面连接处采用叉接法搭接。搭接缝应错开，接缝宜留在屋面或天沟侧面，不宜留在沟底。

高聚物改性沥青卷材和合成高分子卷材的搭接缝，宜用与它材性相容的密封材料封严。

各种卷材的搭接宽度应符合表 4－4 的要求。

表 4－4　卷材搭接宽度(mm)

搭接方向		短边搭接宽度		长边搭接宽度	
铺贴方法		满粘法	空铺法 点粘法 条粘法	满粘法	空铺法 点粘法 条粘法
沥青防水卷材		100	150	70	100
高聚物改性沥青防水卷材		80	100	80	100
合成高分子防水卷材	粘结法	80	100	80	100
	焊接法	50			

四、屋面构造节点防水做法

1. 天沟、檐沟、水落口处防水做法

(1)水落口杯与竖管承插处用密封材料嵌填密封。

(2)水落口杯周围 500mm(直径)范围内涂刷厚度不小于 2mm 的防水涂料或密封材料作为附加层。

(3)在水落口杯与基层接触处预留的 20mm×20mm 的凹槽中嵌填密封材料。

(4)在天沟、檐沟转角处先用密封材料涂封,干燥后再增铺一层卷材或涂刷防水涂料作为附加层。

(5)顺天沟流水方向从水落口向分水岭铺设卷材,随铺随用割板由沟底中央向两侧副压,排除气泡,粘贴密实。如有接缝,应用密封材料密封。

(6)水落口杯处的各层器材均应粘附在杯口上,用雨水罩的底盘将其压紧,底盘与卷材间满涂密封材料,底盘周围用密封材料封填。

具体做法见图 4－16。

2. 檐口

(1)将卷材端头裁齐压入凹槽内,用压条或带垫片的钉子固定。

(2)钉帽及卷材端头用密封材料封固。

3. 泛水、收头

(1)在泛水处(屋面与立墙的转角部位)增铺一层卷材或涂刷

一层防水涂料做附加层。

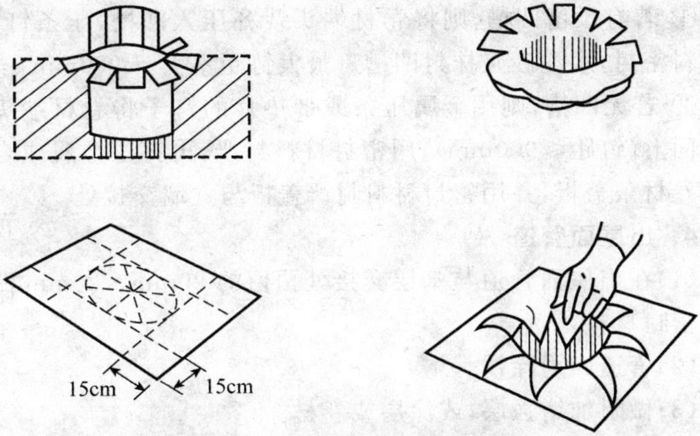

图 4－16　水落口卷材铺贴

(2)先铺平面卷材至转角处，留足立面卷材的长度，然后从下至上铺贴立面卷材，随铺随刮压。泛水附加层见图 4－17。

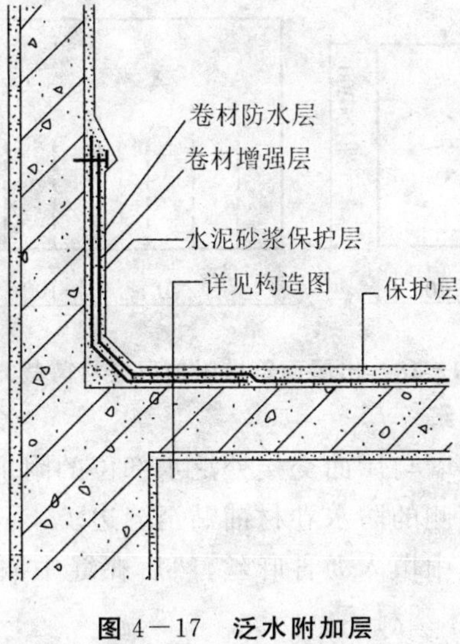

图 4－17　泛水附加层

(3)收头处理。

① 若有预留凹槽,则将卷材端头裁齐压入凹槽,压条钉压,密封材料密封,水泥砂浆抹封凹槽。最大钉距不大于 900mm 。

② 若无凹槽,则用金属压条或带垫片的钉子将卷材端头固定在墙面上(钉距≤900mm),用密封材料封严,再钉压金属或合成高分子卷材条盖板,并用密封材料封严盖板与立墙交接处。

4. 出屋面管道

(1)在出屋面管道与基层交接处预留的 20mm×20mm 凹槽内嵌填密封材料。

(2)管道四周除锈。

(3)做附加增强层,或涂层或卷材。

(4)铺设卷材防水层。

(5)附加层及卷材防水层收头处用金属箍箍紧在管道上,并用密封材料封严。

出屋面管道附加层卷材剪裁方法见图 4—18。

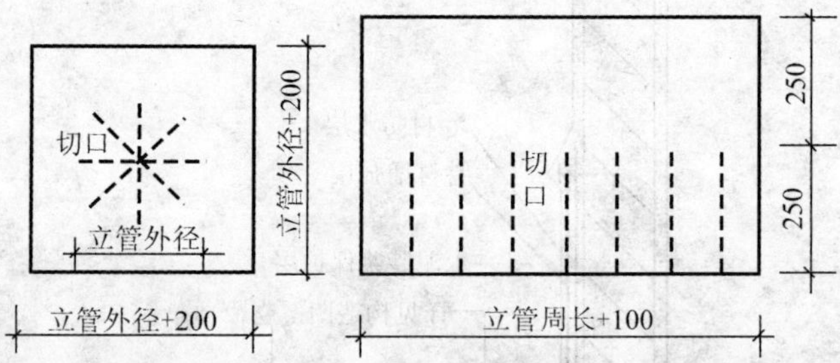

图 4—18　出屋面管道附加层卷材剪裁方法

5. 等高变形缝

(1)做好附加墙与屋面交接处泛水部位的附加层。

(2)变形缝两侧的防水卷材铺贴至缝边。

(3)在变形缝中填入沥青麻丝,然后在缝中嵌填直径略大于缝宽的聚苯乙烯泡沫塑料棒。

(4)在变形缝上铺设盖缝卷材。卷材与附加墙顶面不粘贴,但延伸至立面上采用满粘法铺，且粘贴宽度不小于 100mm。

(5)在附加墙上安放混凝土盖板 。

变形缝防水处理见图 4－19。

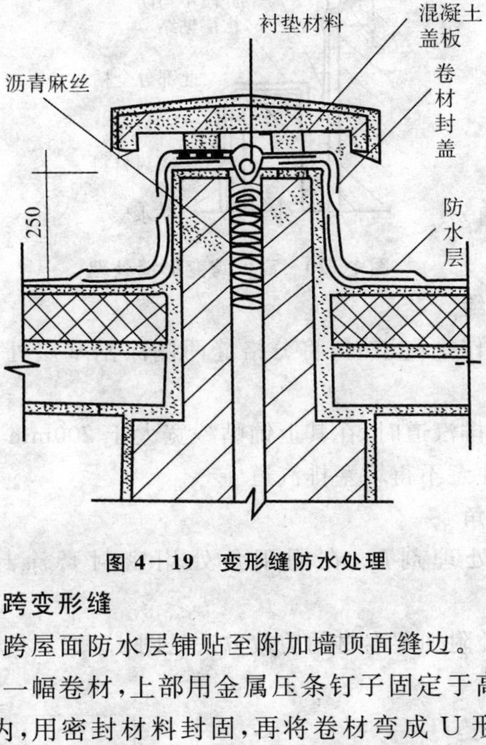

图 4－19　变形缝防水处理

6. 高低跨变形缝

(1)将低跨屋面防水层铺贴至附加墙顶面缝边。

(2)将另一幅卷材，上部用金属压条钉子固定于高跨墙面或其预留的凹槽内，用密封材料封固，再将卷材弯成 U 形放入变形缝中，另一端满粘于低跨屋面，与铺至附加墙顶的低跨屋面卷材搭接、密封。

(3)用带垫片的钉子将金属或合成高分子盖板两端分别固定于高跨外墙面和低跨附加墙面上，并用密封材料封严。

高低跨变形缝处理见图 4－20。

7. 板缝缓冲层

在无保温层的装配式屋面的板端缝上空铺一宽 300mm 的卷材，卷材一边点粘于基层上。但在檐口处 500mm 内要粘贴牢固。

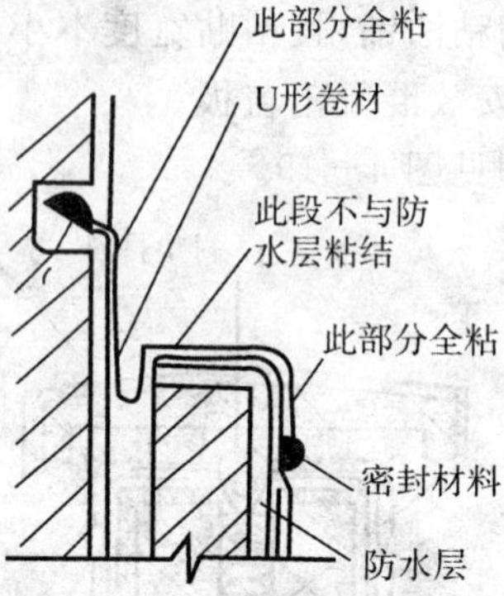

图4－20　高低跨变形缝处理

8．分格缝

(1)不兼作排汽道时，将分格缝两侧涂刮基层处理剂，嵌填密封材料。

(2)兼作排汽道时，在其上铺贴一宽太于 200mm 的隔离纸(或塑料薄膜)，注意不得堵塞排汽道。

9．阴阳角

刷基层处理剂后，在阴阳角处用密封膏涂封，距离为每边 100mm。

阴阳角处附加层卷材的剪裁方法见图 4－21。

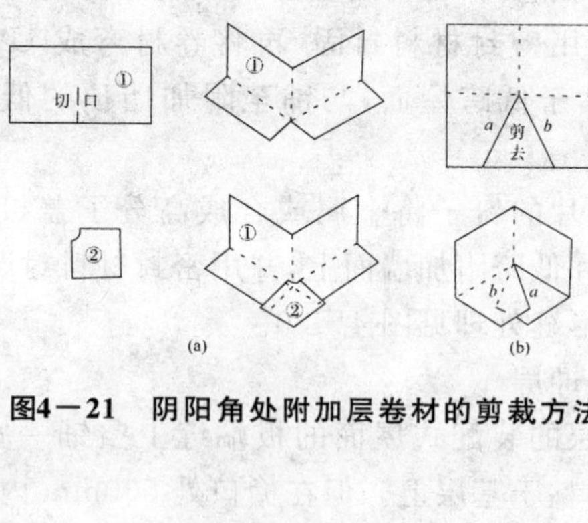

图4－21　阴阳角处附加层卷材的剪裁方法

模块三　涂膜防水屋面的施工

一、涂膜防水屋面构造层次

涂膜防水屋面是在屋面基层上涂刷防水涂料，经固化后形成一层有一定厚度和弹性的整体涂膜从而达到防水目的的一种防水屋面形式。具体做法视屋面构造和涂料本身性能要求而定。其典型的构造层次如图4—22所示，具体施工有哪些层次，根据设计要求确定。

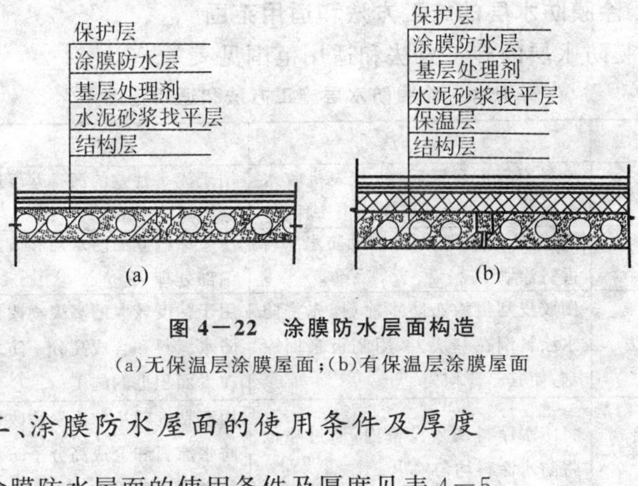

图4—22　涂膜防水层面构造

(a)无保温层涂膜屋面；(b)有保温层涂膜屋面

二、涂膜防水屋面的使用条件及厚度

涂膜防水屋面的使用条件及厚度见表4—5。

表4—5　涂膜防水屋面的使用条件及厚度

防水涂料类别	层面防水等级	使用条件	厚度规定(mm)
沥青基防水材料	Ⅲ级	单独使用	不小于8
	Ⅲ级	复合使用	不小于4
	Ⅳ级	单独使用	不小于4
高聚物改性沥青防水涂料	Ⅱ级	作为一道防水层	不小于3
	Ⅲ级	单独使用	不小于3
	Ⅲ级	复合使用	不小于1.5
	Ⅳ级	单独使用	不小于3

（续）

防水涂料类别	层面防水等级	使用条件	厚度规定(mm)
合成高分子防水涂料	Ⅰ级	只能有一道	不小于2
	Ⅱ级	作为一道防水层	不小于2
	Ⅲ级	单独使用	不小于2
	Ⅲ级	复合使用	不小于1

三、涂膜防水层的施工方法、适用范围与程序

1. 涂膜防水层的施工方法和适用范围

涂膜防水层的施工方法和适用范围见表4－6。

表4－6 涂膜防水层施工方法和适用范围

施工方法	具体作法	适用范围
抹压法	涂料用刮板刮平后，待其表机收水而尚未结膜时，再用铁抹子压抹光	用于流平性差的沥青基厚质防水涂膜施工
涂刷法	用棕刷、长柄刷、圆滚刷蘸防水涂料进行涂刷	用于涂刷立面防水层和节点部位细部处理
涂刮法	用胶皮刮板涂布防水涂料，先将防水涂料倒在基层上，用刮板来回涂刮，使其厚薄均匀	用于粘度较大的高聚物改性沥青防水涂料和合成高分子防水涂料在大面积上的施工
机械喷涂法	将防水涂料倒入设备内，通过喷枪将防水涂料均匀喷出	用于粘度较小的高聚物改性沥青防水涂料和合成高分子防水涂料的大面积施工

2. 施工程序

涂膜防水层的施工程序为：施工准备工作→板缝处理及基层施工→基层检查及处理→涂刷基层处理剂→节点和特殊部位附加增强处理→涂布防水涂料铺贴胎体增强材料→防水层清理检查修整→保护层施工。

四、涂膜防水涂料施工工艺

1. 薄质防水涂料施工工艺

薄质防水涂料一般有反应型、水乳型或溶剂型的高聚物改性

沥青防水涂料或合成高分子防水涂料。由于涂料的品种不同，其性能、涂刷遍数和涂刷的时间间隔都有一定差异。薄质防水涂料的主要施工方法有刷涂法和刮涂法，结合层涂料可以采用喷涂或滚涂法施工。薄质防水涂料的施工工艺如图 4—23 和图 4—24。

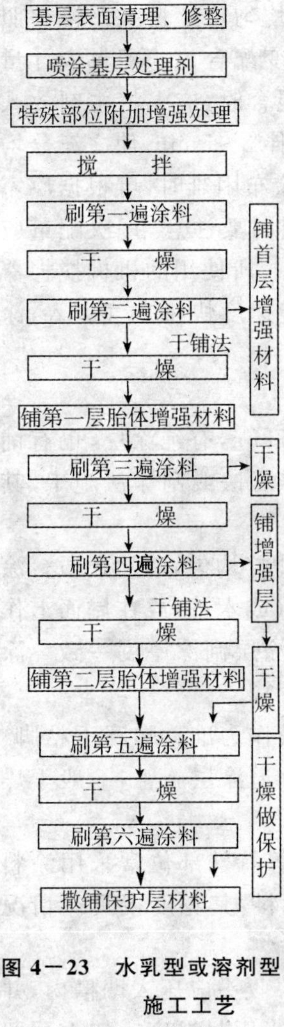

图 4—23 水乳型或溶剂型薄质涂料施工工艺

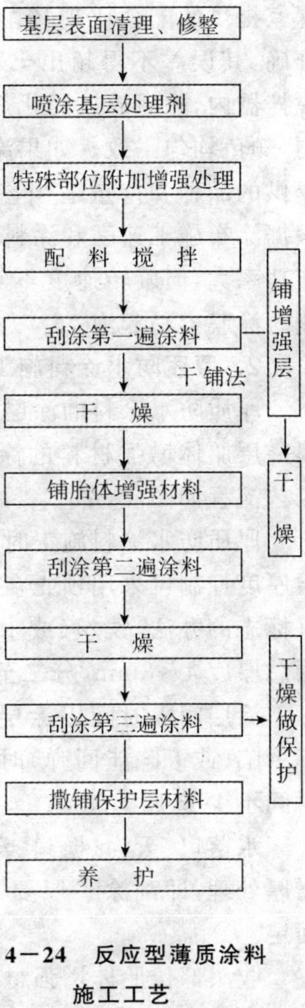

图 4—24 反应型薄质涂料施工工艺

防水涂料有单组分和双组分之分。若是单组分涂料，一般用铁桶或塑料桶密闭包装，打开桶盖后用搅拌器将其充分搅匀后即可使用。理想的方法是将桶装涂料倒入开口大容器内，用搅拌器搅拌均匀，并用过滤布将杂质、结膜皮等滤去后使用。对于双组分防水涂料，每份涂料必须在配料前先搅拌均匀。配料应严格按照厂家提供的配合比现场配制，不得任意改变配合比。配料应计量准确，其误差不得超出±5%范围。涂料混合时，应先将主剂放入搅拌器内，然后放入固化剂并立即搅拌，搅拌3～5min，使之充分均匀，颜色均匀一致。如果涂料的稠度太大涂布困难时，可根据厂家提供的品种和掺量适当掺入稀释剂。配料时要注意，每次配量应根据涂布施工速度和涂料的固化时间确定。所使用的机械搅拌器应功率大，但旋转速度不宜太高，以免旋转速度快将空气裹入，涂刷时涂膜容易起泡。

2. 厚质防水涂料施工工艺

厚质防水涂料的涂层厚度一般为4～8mm，有纯涂层，也有铺衬一层胎体增强材料的涂层。一般采用抹压法或刮涂法施工，其工艺流程如图4—25。

厚质防水涂料施工时，应将涂料充分搅拌均匀，清除杂质。涂层厚度控制可采用预先在刮板上固定铁丝（或木条）或在屋面上作好标志的办法，铁丝（或木条）高度与每遍涂层刮涂厚度一致。涂层总厚度4～8mm，分二至三遍刮涂。

涂层间隔时间以涂层干燥并能上人操作为准。脚踩不粘脚、不下陷（或下陷能回弹）时即可进行上面一道涂层施工，一般干燥时间不少于12h。

水落口、天沟、檐口、泛水及板端缝处等特殊部位常采用涂料增厚处理，即刮涂一层要2～3mm厚的涂料，其宽度视具体情况而定。

收头部位胎体增强材料应裁齐，防水层收头应压入凹槽内，并用密封材料嵌严，待墙面抹灰时用水泥砂浆压封严密。如无预留凹时，可待涂膜固化后，用压条将其固定在墙面上，用密封材料封严，再将金属或合成高分子卷材用压条钉压作盖板，盖板与立墙间用密封材料封固。

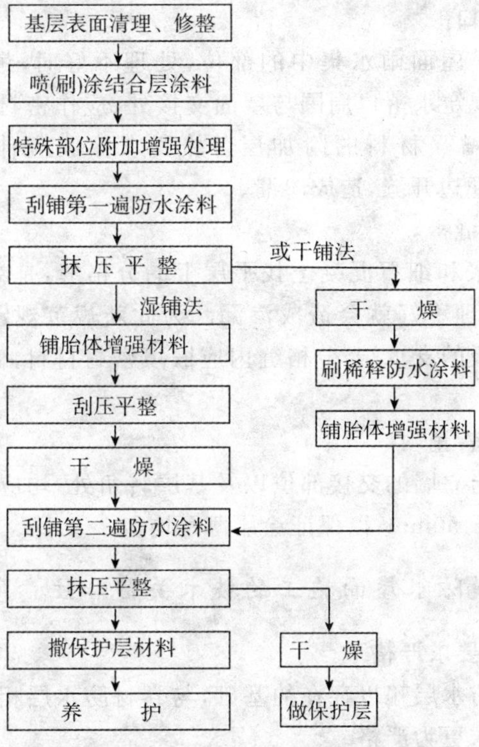

图 4—25　厚质防水涂料施工工艺流程图

厚质防水涂料常采用抹压法或刮涂法施工。

五、涂膜防水屋面细部构造施工

1. 板缝嵌填密封

屋面板的板端缝及板侧缝，是屋面结构产生变形较大的部位，除了如卷材防水屋面要求的板缝混凝土宜掺微膨胀剂，并振捣密实外，另外规定：板端缝应进行柔性密封处理，非保温屋面的板缝上应预留凹槽，并嵌填密封材料。

2. 天沟、檐沟、檐口、泛水等部位

这些部位均应加铺有胎体增强材料的附加层。

3. 水落口

水落口是屋面雨水集中的部位，处理不好时，最容易引起渗漏。新规范规定水落口周围与屋面交接处，应作密封处理，并加铺两层有胎体增强材料的附加层。并要求涂膜应伸入水落口内50mm，以防翘边开缝，造成渗漏。

4. 分格缝

水泥砂浆和细石混凝土找平层上的分格缝，是为基层裂缝预留的位置，处理不好就会造成渗漏。为此新规范规定分格缝的位置应留置在板的支承端，分格缝内应嵌填密封材料，做到在分格缝处不漏水。

5. 泛水转角

在屋面与立墙的交接部位以及基层转角处，均应抹成圆弧，其半径不应小于50mm，以保证涂层薄厚均匀。

六、涂膜防水屋面施工的技术关键和注意事项

1. 基层要求严格

基层是防水层赖以存在的基础，与卷材防水层相比，涂膜防水对基层的要求更为严格。

(1)平整度。

基层的平整度是保证涂膜防水层质量的关键。如果基层表面凸凹不平或局部隆起，在作涂膜防水层时就容易出现涂膜厚薄不匀、基层凸起的部位，使涂膜厚度减薄，影响了耐久性；

基层凹陷部位，使涂膜厚度增厚，容易产生皱纹。因此新规范规定找平层的平整度用2m长直尺检查，缝隙不应超过5 mm。

(2)坡度。

如果坡度过小，甚至出现倒坡，则会使屋面排水不畅或长期积

水，使涂膜长期浸泡在水中，一些水乳型的涂膜如长期泡水，就可能出现“再乳化”现象，降低了防水层的功能。

(3)表面质量。

如基层表面酥松、强度过低、裂缝过大，就容易使涂膜与基层粘结不牢，在使用过程中往往会造成涂膜与基层剥离，而成为渗漏的主要原因之一。新规范规定基层应压实平整，不得有酥松、起砂、起皮等现象。

(4)含水率。

基层含水率的大小，对不同类型的涂膜有着不同程度的影响，广义的讲基层要求干燥，对干燥程度新规范中未作定量的规定。一般来说，溶剂型防水涂料对基层含水率的要求要比水乳型防水涂料严格。溶剂型涂料必须在干燥的基层上施工，以避免产生涂膜鼓泡的质量问题。

2. 认真涂刷基层处理剂

涂膜防水层施工前，应在基层上涂刷基层处理剂，其目的是：

(1)堵塞基层毛细孔，使基层的潮湿水蒸气不易向上渗透至防水层，减少防水层起鼓。

(2)增加基层与防水层的粘结力。

(3)将基层表面的尘土清洗干净，以便于粘结。

所涂刷的基层处理剂可用防水涂料稀释后使用。涂刷基层处理剂时，应用力薄涂，使其渗入基层毛细孔中。

3. 准确计量，充分搅拌

对于多组分防水涂料，施工时应按规定的配合比准确计量，充分搅拌均匀；有的防水涂料，施工时要加入稀释剂、促凝剂或缓凝剂，以调节其稠度和凝固时间。掺入后必须搅拌充分，才能保证防水涂料的技术性能达到要求。特别是某些水乳型涂料，由于内部含有较多纤维状或粉粒状填充料，如搅拌不均匀，不仅涂布困难，而且会使没有拌匀的颗粒杂质残留在涂层中，成为渗漏的隐患。

4. 薄涂多遍，确保厚度

确保涂膜防水层的厚度是涂膜防水屋面最主要的技术要求。过薄，会降低屋面整体防水效果，缩短防水层耐用年限；过厚，将在一定意义上造成浪费。过去用涂刷遍数或每平方米涂料用量来要求涂膜防水层的质量，但是往往由于一些经济上的因素，使防水涂料中的固含量大大减少，虽然做到规定的涂刷遍数或用量，但成膜的厚度并不厚，所以在新规范中用涂膜厚度来做为评定防水层质量的技术指标。

在涂料涂刷时，无论是厚质防水涂料还是薄质防水涂料均不得一次涂成，因为厚质涂料若是一次涂成，涂膜收缩和水分蒸发后易产生开裂；而薄质涂料很难一次涂成规定的厚度。所以《屋面工程技术规范》第 5.1.5 条规定："防水涂膜应分遍涂布。待先涂的涂层干燥成膜后，方可涂布后一遍涂料。"

5. 铺设胎体增强材料

在涂料第二遍涂刷时，或第三遍涂刷前，即可加铺胎体增强材料。胎体增强材料的铺贴方向应视屋面坡度而定。新规范中规定：屋面坡度小于 15%时，可平行于屋脊铺设；屋面坡度大于 15%时，应垂直于屋脊铺设。其胎体长边搭接宽度不得小于 50 mm，短边搭接宽度不得小于 70 mm。

若采用二层胎体增强材料时，上下层不得互相垂直铺设，搭接缝应错开，其间距不应小于幅度的 1/3。

6. 涂刷方向与接茬

防水涂层涂刷致密是保证质量的关键。要求各遍涂膜的涂刷方向应相互垂直，使上下遍涂层互相覆盖严密，避免产生直通的针眼气孔，提高防水层的整体性和均匀性。

涂层间的接茬，在每遍涂布时应退茬 50 ～100 mm，接茬时也应超过 50～100mm，避免在接茬处涂层薄弱，发生渗漏。

7. 收头处理

在涂膜防水层的收头处应多遍涂刷防水涂料，或用密封材料封严。泛水处的涂膜宜直接涂布至女儿墙的压顶下，在压顶上部也应做防水处理，避免泛水处或压顶的抹灰层开裂，造成屋面渗漏。

收头处的胎体增强材料应裁剪整齐，粘结牢固，不得有翘边、皱折、露白等现象，否则应先处理后再行涂封。

8. 涂布顺序合理

涂布时应按照“先高后低、先远后近”的原则进行；在相同高度的大面积屋面上，要合理划分施工段，分段应尽量安排在变形缝处，根据操作和运输方便安排先后次序，在每段中要先涂布较远部分，后涂布较近屋面。先涂布排水较集中的水落口、天沟、檐沟，再往高处涂布至屋脊或天窗下。

9. 加强成品保护

整个防水涂膜施工完后，应有一个自然养护的时间。特别是由于涂膜防水层的厚度较薄，耐穿刺能力较弱，为避免人为的因素破坏防水涂膜的完整性，保证其防水效果，新规范规定“在涂膜实干前，不得在防水层上进行其他施工作业，涂膜防水屋面上不得直接堆放物品”。

10. 保护层

《屋面工程技术规范》第 5.3.7 条强调了在涂膜防水层上应设置保护层。其目的是为了避免阳光直射，造成防水涂膜过早老化；另外，因一些涂膜防水层较薄，做上刚性保护层后，可以提高涂膜防水层的耐穿刺、耐外力损伤的能力，从而提高涂膜防水层的耐用年限。

保护层材料可采用细砂、云母、蛭石、浅色涂料；也可采用水泥砂浆或块材等刚性保护层。但要注意的是当采用水泥砂浆或块材保护层时，应在防水涂膜与保护层之间设置隔离层，以防止因伸缩变形将膜防水层破坏而造成渗漏；另外刚性保护层与女儿墙之间应预留空隙，并嵌填密封材料，以防刚性保护层因温差胀缩而将女儿墙推裂。

11. 施工气候条件要求

由于各类防水涂料对气候影响都很敏感，因此要求涂料在成膜的过程中最好连续几天无雨、雪、冰冻，尤其是在涂膜前不能遇雨、雪，否则不仅会造成涂膜麻面和空鼓，而且还有被溶解和被雨水冲掉的可能。

涂料施工时，对气温的要求也很高，不同的涂料对气温的要求也不同。某些溶剂型防水涂料在5℃以下溶剂挥发得很慢，使成膜时间延长；水乳型涂料在10℃以下，水分就不易蒸发干燥，特别是有些厚质涂料，在低温下仅在表面形成一层薄膜，气温降到0℃时，涂层内部水分结冰，就有将涂膜冻胀坏的危险。相反，如果气温过高，涂料中的溶剂很快挥发，涂料变稠，使施工操作困难，质量也就不易保证。所以，新规范中规定：沥青基防水涂膜的施工气温为5～35℃；水乳型高聚物改性沥青防水涂膜的施工气温为5～35℃；溶剂型高聚物改性沥青防水涂膜和合成高分子防水涂膜的施工气温为5～35℃。

模块四　刚性防水屋面施工

一、刚性防水屋面构造层次

刚性防水屋面是指利用刚性防水材料作防水层的屋面。主要有普通细石混凝土防水屋面、补偿收缩混凝土防水屋面、块体刚性防水屋面、预应力混凝土防水屋面以及近年来发展起来的钢纤维混凝土防水屋面，尤以前两者应用最为广泛。

刚性防水屋面的一般构造形式如图4－26所示。

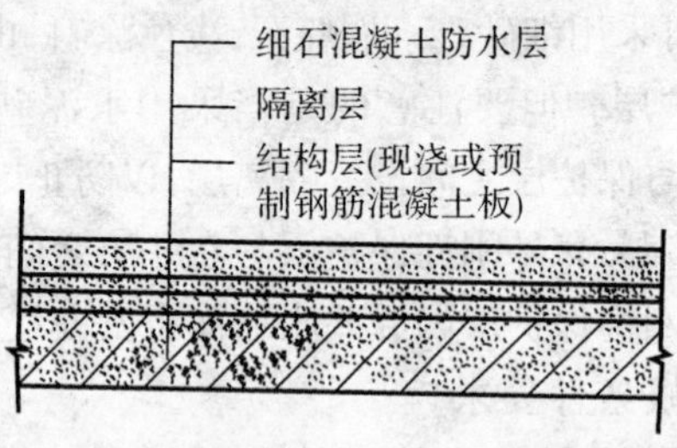

图4－26　细石混凝土防水屋面构造

二、刚性防水层构造要求

1. 分格缝

防水层的分格缝应设在屋面板的支承端、屋面转折处、防水层与突出屋面结构的交接处,并应与板缝对齐。

如分格缝上口宽 30mm,下口宽 20mm。缝内可设背衬材料,嵌填密封材料。

2. 混凝土防水层

混凝土强度等级 C20(或 C20 以上),厚度 40～60mm。

3. 配筋

普通细石混凝土应配置直径 Φ4mm～Φ6 mm、间距为 100～200 mm 的双向钢筋网片;补偿收缩混凝土配筋率宜大于 0.25%,其自由膨胀率大于 0.04%。

三、细石混凝土防水层施工程序与施工要点

1. 工艺流程

细石混凝土防水层施工的工艺流程见图 4－27。

2. 施工要点

(1)混凝土水灰比不应大于 0.55,每立方米混凝土水泥最小用量不应小于 330 kg,含砂率宜为 35%～40%,灰砂比应为 1∶2～1∶2.5,钢筋网片的位置应靠上。

(2)当掺入减水剂或防水剂时,应准确计量,投料顺序得当,拌合均匀。

(3)细石混凝土搅拌时间应不少于 2 min。每个分格板块的混凝土必须一次浇筑完毕,严禁留施工缝;混凝土收水后应进行二次压光。

(4)混凝土浇筑 12～24 h 后即应进行养护(不少于 14 d),养护初期屋面不得上人。

(5)防水层的节点施工应符合设计要求。安装管件后,四周应

按设计要求嵌填密封膏。

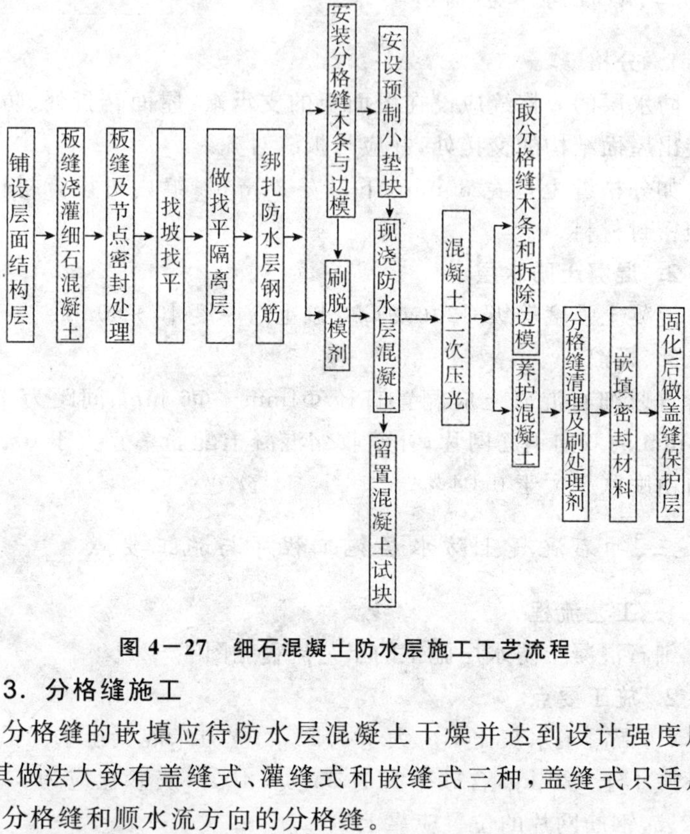

图 4—27　细石混凝土防水层施工工艺流程

3．分格缝施工

分格缝的嵌填应待防水层混凝土干燥并达到设计强度后进行，其做法大致有盖缝式、灌缝式和嵌缝式三种，盖缝式只适用于屋脊分格缝和顺水流方向的分格缝。

分格缝施工步骤如下：

(1)筑防水层时，分格缝两侧做成高出防水层表面约 120～150mm 的直立反口。

(2)防水层混凝土硬化后，用清缝机或钢丝刷清理分格缝内的浮砂、尘土等物，再用吹尘器吹净。

(3)缝内用沥青砂浆或水泥砂浆填实。

(4)用粘土盖瓦盖缝。盖瓦只能单边用水泥纸筋灰填实，不能两边填实，以免盖瓦粘结过牢，当防水层热胀冷缩时被拉裂。盖瓦应从下而上进行，每片瓦搭接尺寸不少于 30mm，檐口处伸出亦不少于 30mm。

(5)当反口高度较低时，可在反口顶部坐灰，使盖瓦离开防水层表面一定距离。

四、补偿收缩混凝土刚性防水层施工

补偿收缩混凝土刚性防水层的施工工艺流程如图 4—28。

补偿收缩混凝土刚性防水层结构层处理、隔离层施工及分格缝嵌填等工艺要求与普通细石混凝土刚性防水层相同，故此主要介绍补偿收缩混凝土的要求及蓄水养护等。

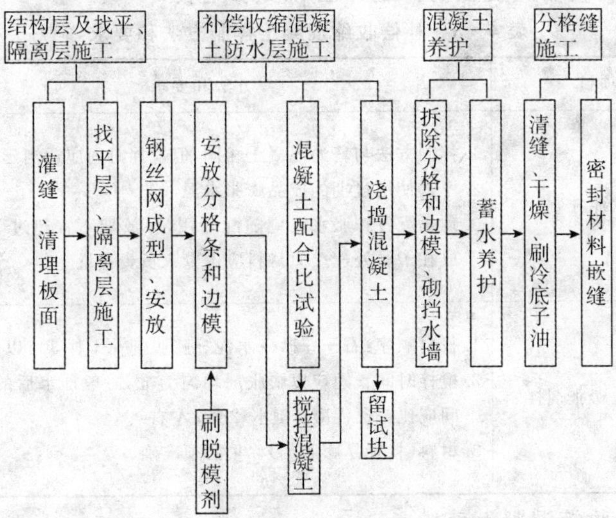

图 4—28 补偿收缩混凝土刚性防水层的施工工艺流程

对于非隔离式防水层，只需取消图中的找平层、隔离层施工工序，在清理干净的结构层上直接浇注防水层即可。

1. 拌制补偿收缩混凝土

配制补偿收缩混凝土的各种原材料按质量计算。施工时的配合比应与试配选定的配合比一致，各种材料应按配合比准确称量，误差不得大于表 4—7 规定的允许值。

表 4—7　补偿收缩混凝土材料重量的允许误差

材料名称	水泥	膨胀组分	骨料	水
	普通水泥、成品膨胀水泥	矾土水泥、明矾石、石膏粉、混凝土膨胀剂等		
允许误差	±1%	±1%	±2%	±1%

计量装置必须准确有效，开盘前要进行检验校正，中间要进行校核。

补偿收缩混凝土的拌制方法和要求见表 4—8。

表 4—8　补偿收缩混凝土拌制方法和要求

项目	方法和要求
用膨胀水泥拌制	1. 拌制方法与普通混凝土相同，但搅拌时间应适当延长 2. 不得使用过期的成品膨胀水泥 3. 现场配置膨胀水泥应随配随用，存放期不宜超过 7d，并应放在干燥处理。原材料应由专人负责称量
用混凝土膨胀剂拌制	1. 投料顺序：石子→砂→水泥→膨胀剂→干拌 30s 以上→水 2. 搅拌时间长短应以膨胀剂均匀为准，一般加水后的搅拌时间应比普通混凝土延长 2min 左右 3. 材料(特别是膨胀剂)称量必须准确

2. 收缩混凝土养护

补偿收缩混凝土必须严格控制初始养护时间，浇筑完毕及时用双层湿草包覆盖。常温下浇注 8～12h，低温下浇筑 24h 后即应浇水养护，养护时间不得少于 14d。有条件的地区夏季 施工时宜采用蓄水养护，其方法见表 4—9。

表 4－9　补偿收缩混凝土防水层蓄水养护法

工序名称	操作要点
分格缝处理	分格缝木条取出后，用补偿收缩水泥砂浆勾缝，以免蓄水养护时缝内漏水
砌挡水墙	1. 混凝土结硬后，用粘土石膏或纸筋石灰膏沿四周砌筑两坯砖高的挡水墙 2. 对屋脊与檐口高度相差较大的屋面，可沿纵向增设一道或多道挡水墙，使整个屋面浸入水中 3. 砌挡水墙的砖应先浸湿，砌筑灰缝应饱满，墙上不得走人或撞动，以免漏水
蓄水养护	分格缝处理和挡水墙施工完毕后，即可进行灌水养护。最大蓄水深度不超过 100mm，养护时间不得少于 14d，气温较低时可适当延长
冲洗分格缝	养护完毕放水时，利用养护水将分格缝冲洗干净，以利嵌缝工作

补偿收缩混凝土的养护温度不应超过 80℃。长期在高温下养护时，混凝土中的钙矾石结晶体会发生晶形转变，使孔隙率增加、强度下降、抗渗性降低。

模块五　保温隔热屋面施工

在我国，北方寒冷地区采用的保温屋面，按保温层设置的部位不同，分为传统式保温屋面和倒置式屋面两类；南方炎热地区采用的隔热屋面有：架空隔热屋面、蓄水屋面和种植屋面等。

一、屋面保温层的施工

屋面设置保温层，主要用以在冬期防止室内温度下降过快。保温层按材料不同分为松散材料保温层、板状保温层、整体保温层。

1. 屋面保温层施工条件

干铺的保温层可在负温度下施工。用热沥青粘结的整体现浇保温层和粘贴的板状材料保温层在气温低于－10℃时不宜施工。用水泥、石灰或乳化沥青胶结的整体现浇保温层和用水泥砂浆粘贴的板状材料保温层不宜在气温低于5℃时施工。

雨天、雪天、五级风及其以上时不得施工。施工中途下雨、下雪应采取有效的遮盖措施，以防止保温层内部含水率增加而降低保温效果。

2. 屋面保温层施工注意事项

(1)基层表面应平整、干燥、干净、无裂缝。

(2)施工前，应对进场保温材料进行现场复检，其质量应符合有关规定，并做好进场材料的防雨防潮工作。

(3)膨胀蛭石、膨胀珍珠岩的吸水率较大，所以，用这类材料在高湿环境下做松散材料保温层时，基层表面宜做防潮层。

(4)对正在施工或施工完的保温层应采取保护措施，不得随意踩踏和压重物。

(5)有雾、有雨、有雪和五级风以上的天气均不得施工。施工中途下雨、下雪应采取遮盖措施。

二、屋面隔热的施工

屋面隔热是指在炎热地区防止夏季室外热量通过屋面传入室内的措施，隔热屋面主要有架空隔热式屋面、涂料反射隔热屋面、蓄水隔热屋面和种植隔热屋面等几种形式。我国南方区多采用以架空屋面为主要形式的隔热屋面，这里仅介绍架空隔热屋面施工方法。

架空隔热屋面是在屋面上支撑架空板，在烈日与屋面之间形成一道通风的隔热层，从而使屋面表温得到降低。

架空隔热屋面的坡度不宜大于5%。

1. 架空隔热层施工对基层的要求

架空隔热层施工前，应先将屋面清扫干净，并根据架空板的尺寸，弹出支座中线。

2. 支座底部防水层加强处理

支座底部的卷材或涂膜柔性防水层承受支座的重压，易遭损坏，所以应在支座部位用附加防水层作加强处理，加强的宽度应大于支座底面边线 150～200mm。

支座采用强度等级为 M5 的水泥砂浆砌筑，支座应坐稳。

3. 铺设架空板

铺设架空板时，应将灰浆刮平，并随时扫净掉在屋面防水层上的落灰、杂物等，以保证架空隔热层气流畅通。操作时不得损伤已完工的防水层。

4. 架空板的铺设高度

架空隔热板的铺设高度应按屋面宽度或坡度大小的变化来确定，一般在 100～300mm 之间进行调整。架空高度太低，隔热效果不理想；太高，通风效果并不会提高多少，且荷载增加，架空结构稳定性不好。当屋面较宽时，风道距离较长，热风在风道中流通时间较长、阻力增加，故宜采用较高的架空层，以利于通风。当屋面坡度较小，风速也较小，为便于风道中空气流通，亦应采用较高的架空层，反之可采用较低的架空层。

5. 架空板与女儿墙之间的距离

架空板与四周女儿墙之间的距离不宜少于 250mm。但不宜太宽，以防止降低隔热效果，也不宜太窄，以防止堵塞和便于清理杂物。

6. 架空隔热屋面通风道的设置

通风道的设置，应根据当地炎热季节最大频率风向（主导风向）的走向，宜将进风口设置在正压区，出风口设置在负压区。当屋面宽度大于 10m 时，应设置通风屋脊。

7. 架空板的铺设要求

架空板铺设应平整、稳固，缝隙宜用水泥砂浆或水泥混合砂浆嵌填,并按设计要求留变形缝。

8. 施工条件

雨天、雪天、大风天气不得施工。

9. 施工注意事项

卷材、涂膜外露防水层极易损坏,施工人员应穿软底鞋在防水层上操作,施工机具和建筑材料应轻拿轻放,严禁在防水层上拖动,不得损伤未完工的防水层。

模块六　瓦屋面防水

坡屋面的防水施工一般采用瓦屋面处理,具体技术要求执行国标《屋面工程技术规范》的有关规定。

一、一般要求

1. 瓦屋面包括:平瓦屋面、油毡瓦屋面、压型钢板屋面、波形瓦屋面。

2. 平瓦、油毡瓦可铺设在钢筋混凝土或木基屋上,波形瓦、压型钢板可直接铺设在檩上。

3. 平瓦、油毡瓦屋面与山墙及突出屋面结构等的交接处,均应做泛水处理。

二、材料要求

坡屋面做防水层施工选用新型防水卷材等材料时,其规格、质量、技术性能、指标要求均应符合屋面防水材料的规定。

三、设计要求

(1)瓦屋面排水坡度:应根据屋架形式,屋面基层类别,防水构造型式,以及当地气候条件等因素设计瓦屋面的排水坡度,详见表4—10。

表 4—10　瓦层面的排水坡度

材料种类	屋面排水坡度(%)	适用等级
平瓦	20～50	Ⅱ、Ⅲ、Ⅳ级
波形瓦	10～50	Ⅳ级
油毡瓦	＞20	Ⅲ、Ⅳ级
压型钢板	10～35	Ⅱ级

(2)平瓦屋面采用木基层时，应在基层上铺设一层卷材，搭接宽度为 100 mm，并用顺水条将卷材压钉在木基层上，顺水条的间距宜为 500 mm，上面铺钉挂瓦条。

(3)天沟、檐沟的防水层宜用 1.2 mm 厚的合成高分子防水卷材或 3 mm 厚高聚物改性沥青防水卷材。

四、施工要求

(1)坡屋面防水层采用卷材铺设，其铺贴方向应根据屋面坡度和屋面是否受震动而确定。

(2)坡屋面防水层铺设卷材时，搭接应顺流水方向。卷材铺设时要压实铺平。卷材搭接边用密封膏封严。下步工序施工时不得损坏卷材。

(3)屋面与突出屋面的通风道、烟囱、管道等连接处，均增加卷材附加层处理，然后铺贴大面卷材。檐沟、水落口采用内排水时，杯口内、檐沟阴角等宜应做卷材附加层处理。

五、质量要求与注意事项

(1)坡屋面不得有渗漏现象。坡屋面工程所用的材料必须符合质量标准和设计要求。坡屋面的坡度必须准确，排水系统必须畅通。

(2)节点做法应符合设计要求，封固严密，卷材不得开裂、翘边。水落口及突出屋面设施与屋面连接处，应固定牢靠，密封严实。

(3)坡屋面施工周围需设护身栏、檐沟施工必须配戴安全带。施工人员应配带防护用具，特别是热熔卷材施工应有防火、防烫伤、防滑等安全劳保措施。雨天、雪天和五级风以上严禁施工。

模块七　屋面渗漏水原因与修补工艺

一、屋面渗漏水产生的主要原因

1. 屋面开裂

“裂缝”是建筑物不可克服的一种客观存在的必然现象。“裂缝”不但影响建筑物的使用寿命，而且还成为建筑防水很难抗拒的障碍。造成屋面裂缝的主要原因有：

(1)建筑物承受结构变位　由于承重结构变位产生的附加力，导致在屋面防水层出现负变矩的地方产生拉应力。这类“裂缝”应采取结构加固补强方法加以克服。

(2)温湿度变化造成混凝土体积收缩产生拉力　当混凝土屋面进行防水处理后，防水层四周受到嵌固。防水层与屋面基层又粘结得很紧，混凝土不再能自由收缩而受到约束，就会产生背向变形而出现拉力。防水材料粘得越牢越好，拉力就越大，当拉力超出混凝土的极限拉力时，就发生开裂。例如，建筑物温差超过15℃时，混凝土极限拉应变值为150×10^{-6}就不能承受，出现裂缝。

(3)柔性屋面的端头缝受外力的影响　柔性构造的屋面板面形成一整体，它的拼接处成为变型应力的集中之地。不管何种力的影响，如承重结构变位温湿差、不均匀沉降、机械振动、地震波、化学收缩，都反映到接缝处。

如：1.5m×6m的造型板接缝的总变量为6.1mm(只计算湿度变型)，1.2m×3.9m的造型板接缝的总变量为3.66mm，0.5m×3.3m的造型板接缝的总变量为3.7mm，两板相对收缩，则分别为

12.2mm、7.32mm、6.14mm。而油毡的延伸率仅为1%。二毡三油或三毡四油的厚度为5～10mm，其抗裂缝基数只有0.11～0.52mm，无法抗拒6.14～12.2mm的基层变型。这是大板端头缝必然开裂的重要原因。

2. 屋面变形缝处理不当

屋面的变形缝(如伸缩缝、沉降缝等)处理不当，如变形缝材料选择不当，变形缝材料处理厚度不足、粘贴无纺布等不科学，铁皮凸棱安反，铁皮安装不牢，泛水坡度不当等均会造成渗漏。

3. 屋面坡度小

屋面防水层找坡不够，表面凸凹不平，造成屋面积水导致渗漏。

4. 条板强度刚度差

加气混凝土条板屋面，由于条板强度刚度差，轻者造成挠度过大，积水渗水，重者加气板开裂而渗漏水。

5. 基层与突出屋面结构处理不当

基层与突出屋面结构，如山墙、女儿墙、烟囱、通气管道等的连接处，以及在基层的转角处，如檐口、天沟、水落口、挑檐等没有做出光滑的圆弧形，没有用聚氨酯、丙烯酸等高档防水涂料处理2～3次节点部位，卷材没有分层搭接，水落口四周贴粘不牢固，水落口安装过高等。

二、老屋面防水堵漏施工工艺

老屋面一般都采用的是预制板屋面，一旦渗漏可采用点补法和全补法。

1. 点补法

如有保温层的老屋面、有架隔层和三油二毡防水层老屋面、刚性防水屋面、蓄水屋面等老屋面，仅局部渗漏水且不严重，防水层无脱落老化，保温层也无吸湿失效，找平层又无破坏现象者，宜采用局部点补法。根据作者多年实践证明，点补法一般宜采用聚氨酯、丙烯酸酯、水乳型再生胶防水涂料等，其施工工艺如下：

(1)先确定漏水部位，然后将漏水部位的老防水层铲除干净(如江西等南方各省屋面大多有架空隔热层，宜先拆除隔热层)，与不漏水部位的防水层铲成大于20～50mm的斜坡。

(2)用防水涂料加水泥砂浆将斜坡抹平、压实、抹光，比老防水层凸出，搭接处不得有脱落现象，最后用聚氨酯等防水涂料做二涂一布或三涂二布防水层。待下雨检验后再复原隔层。

(3)女儿墙压顶因水泥砂浆开裂而漏水，宜将防水涂料加水泥砂浆填灌裂缝后，在其上用防水涂料做二涂一玻纤布防水层，刷最后一层涂料时，随刷随抹一道水泥砂浆或粗砂保护层，女儿墙压顶要求5%坡向屋顶内部。

(4)由于地基沉陷和结构整体性差所引起油毡屋面等漏水，必须根据其具体情况采取相应的防水材料及施工工艺。

2. 全补法

如屋面渗漏水面积较大、油毡等防水层寿命又已接近更换的，宜采用全补法。其具体施工工艺如下：

(1)有保温层老屋面漏水又较严重的，防水层脱落老化，应全部铲除重新做整体防水层。若保温层吸水失效，找平层破坏，必须先更换保温层和找平层，再重新做防水层。

(2)无保温层的屋面漏水情况严重，防水层脱落、老化、开裂，应全部铲除重新做防水层。若找平层或承重板有贯通的大缝开裂，应按设计要求处理好。找平层小于1mm的缝，用聚氨酯防水涂料等填灌密实，板与板间的搭接缝下部填灌200号细石混凝土，上部20～50mm填嵌聚氨酯或丙烯酸酯等密封膏。缝嵌填密实后，才可做新的防水层。

(3)聚氨酯防水涂料防水层的做法：

待嵌缝膏干后，再用聚氨酯甲：乙＝1：2，并加入适当的二甲苯溶剂，充分搅拌后在基层打底。同时，需对阴阳角、落水口、管子根以及重点渗漏处进行加强处理；

刮第一道涂料，并贴一层玻璃纤维布，12h 后，再在玻纤布之上刮第二道涂料，以不见布眼为度；

有隔热层屋面，待涂膜表面完全干燥后再做隔热层，无隔热层屋面，在涂膜表面尚未完全干燥时找一层水泥砂浆保护层。

三、蓄水屋面施工工艺要点

蓄水屋面大多为现浇刚性防水屋面，但也有不少预制板钢丝网防水屋面，无论哪一种蓄水屋面，渗漏严重的宜采取全补法，渗漏不很严重的宜采取点补法。现仅简述全补法施工工艺要点。

1. 彻底清扫屋面基层

先放干或用皮管吸干屋面池内之水，再用铁锹等清除余水和泥浆等垃圾，并用水管反复冲洗基层，边冲洗边用竹扫把或铁刷子反复刷扫。最后用拖把反复拖干净，让其自然晒干或用喷灯烘干后，还要用棕扫把反复扫净灰尘。

2. 处理裂缝及关键部位

待屋面干燥后（含水率小于 9%），先用 1∶2 的聚氨酯处理裂缝及施工缝，然后处理女儿墙、管子根等关键部位。

3. 打底

取 1∶2 聚氨酯混合液（每平方米用量为 0.10～0.2kg）加入 1 倍的溶剂（如二甲苯）混合均匀。用棕刷或橡胶刮板均匀地在基层表面上涂刷一遍，待干燥后（大于 4h）正式涂抹混合聚氨酯涂料。

4. 批刮二涂一布或三涂二布防水层

(1) 用聚氨酯甲∶乙＝1∶2 混合胶料充分拌匀或用电动搅拌器强烈搅拌均匀后倒入基层上，用硬塑料刮板批刮或毛滚刷推压，要求均匀一致，一边刮涂涂料，一边贴玻纤布，再用刮板将布全部刮压牢固、密实。

(2)刮涂第二道涂料，待上道涂料干燥后，再在玻纤布之上涂刷第二道涂料，以不见网眼为宜。

(3)待干燥后再按上述方法做二涂一布。

(4)做水泥砂浆保护层,做完最后一道涂料后,用水泥砂浆抹面,以保护防水层,延长防水层寿命。

四、卷材屋面渗漏修缮工艺要点

在钢筋混凝土屋面上铺设防水卷材作为防水层,是我国屋面防水工程的主要形式之一,应用较广泛。但因受自然环境和人为因素及物理化学的作用,导致屋面渗漏。如卷材屋面防水层因局部开裂、起鼓、流淌及老化龟裂、发脆、脱落、腐烂以及构造节点泛水部位的渗漏,宜采取局部维修的方法;如卷材屋面防水层大面积损坏,漏水严重,已经或基本丧失防水功能,宜将防水层全面翻修。

1.卷材开裂渗漏的修补

首先要找准渗漏的准确位置、采取相应的工具及优良的防水材料。观察屋面渗漏的部位、范围一般在雨天进行;也可取用水龙头和橡皮管冲水或蓄水的方法进行观察,在确定了准确的渗漏部位后,就可采取相应的点补方法。

如有规则的裂缝,宜将开裂处卷材沿裂缝两侧各切除 30~50mm,露出找平层;剔凿裂缝处板缝宽 20~40mm、深 20~30mm,清除板缝及两侧的杂物后,基层刷涂处理剂,缝内嵌填密封材料,同时粘牢两侧割开的卷材;嵌填在缝内的密封材料应高出两侧的卷材面,要覆盖裂缝两侧卷材各 20~30mm 宽度。

如采用涂膜材料,原卷材老化开裂部分要用钢纤等铲除,露出平整基层,冲洗干净,待基层干燥后,裂缝处用聚氨酯等涂料嵌缝,固化后再做二布五油涂膜防水层,其厚度应在 3mm 左右,加强材料宜选择玻纤布。

如采取卷材维修,应将开裂处两侧各 300mm 宽的面层清理干净,缝内嵌填涂料或密封膏,裂缝部位干铺或单边粘贴不小于 300mm 宽的卷材条,在卷材材面上实铺卷材,卷材宽度应大于 300mm,周边粘封严。

至于不规则裂缝的维修,一般宜将裂缝四周清理干净,上铺一层卷材或二布三油，周边封口严密即可。或者将裂缝处已老化或损伤的卷材彻底铲除、清理后，铺贴新卷材，新卷材与原卷材防水层搭接宽度不得小于100mm，外露边缘必须粘牢封严。

2.卷材起鼓渗漏的修补

卷材起鼓的修补，首先应消除鼓泡，除净防水层内的积水，严格操作程序。

大鼓泡或大面积起鼓，宜将鼓泡部位的卷材全部切开除去，清理并经干燥后，修整找平层，重新铺贴新卷材。

小鼓泡的处理：可在鼓泡中插入两根有孔眼的针管，抽出泡内气体，同时往泡内灌注热沥青稀释液或其他经稀释的胶结材料，用力将卷材压平贴紧，然后用沥青或胶结材料将孔眼封闭。或采取切割的方法，将鼓泡呈斜十字切割，排出气体，翻开切割部分卷材，清除鼓泡内杂物，烘干或晾干，按左、下、右顺序重新粘合切割开的卷材，用一块比切割范围周边各大于100mm的新卷材铺盖，贴牢封严。最后将切割卷材的上片压盖，封边密实。

3.流淌渗漏的修补

宜选用耐热性比较好的胶结材料和有助于防止流淌的铺贴方法及构造措施。

因流淌而造成的防水层的耸肩、脱空现象，应先切开脱空部位卷材，清除内部杂物，烘干或晾干后，将切开部分卷材的下半部重新铺贴平整，上面补贴新卷材，再将上半部卷材铺盖贴牢，周边封严。

对于流淌而形成的皱折成团的部位，应将基底清理干净并干燥后，重铺新卷材，新、旧卷材搭接应顺流水方向，周边应粘牢密封。

4. 构造节点部位渗漏的修补

管道根部：将管道根部的卷材及胶结材料铲除，凿掉泛水找平层砂浆，先将管道与屋面之间的缝隙填补密实，重抹砂浆找平层，做成光滑圆弧形，干燥后再用聚氨酯涂料加强处理；卷料铺贴时，宜先做附加层，其剪口处应压贴平整；卷材包管的上口缠麻封严，其高度应高于 250mm，做好面层保护层后，再用砂浆把卷材全部抹严。

变形缝：先将变形缝上的铁皮掀开，修整基层，基层平整不得有突起物，并在变形缝的长度方向找坡，平铺卷材，再将铁皮按流水方向搭盖，用钉钉牢。

雨水口：铲除雨水口四周翘裂的卷材和胶结材料，用喷灯烘烤，剥离部分卷料。先在基底上单边粘贴一层卷材并铺贴附加层，满涂粘牢，再将剥离的原卷材重新搭接粘贴，封口密实。雨水口与竖管承口的连接处，最好聚氨酯等高档涂料堵塞。

檐口：檐口处渗漏，将翘起的卷材掀开，清除原胶结材料，将基底材料平整干净，干燥后，先在基面上附加一层卷材，将檐口包住，重新将原有卷材粘贴，封口粘牢；也可在找平上钉一层镀锌铁皮盖檐，把原卷材粘贴于铁皮面上，用胶结材料封口。

女儿墙、山墙：对于女儿墙、山墙部位卷材脱开、张口，修补时先将原有的胶结材料消除干净，用喷灯烘干基层，重新粘贴卷材，在上面再覆盖一层新卷材，并采取相应的固定措施封固，收口处应用聚氨酯等密封材料封口。如女儿墙、山墙与屋面转角处的卷材出现开裂渗漏，要将开裂的卷材割开，翻开并清除内部的原胶结材料及杂物，用喷灯烘干或晾干。在基层上干铺或单边粘贴一层新卷材，再用新卷材覆盖。立墙粘贴高度不小于 100mm，平面粘贴应超过割开卷材部位，最后将立墙原有卷材压盖，贴紧粘牢。如女儿墙压板砂浆开裂、剥落或压顶板开裂而导致渗漏，首先将压板砂浆铲除，重做 1∶2～1∶2.5 水泥砂浆，同时做好滴水线。拆换压顶板，在压顶板下新铺一层卷材。

5. 全补法

卷材屋面防水层大面积老化、损坏、点补法无法解决渗漏问题，应采取全补法进行整体翻修，主要做法有两种：

(1)全铲全补法

这种方法是将原有防水层全部铲除，彻底清除卷材及胶结材料，修整找平层，认真做好屋面构造节点的加强层工作，然后按照屋面工程卷材施工工艺进行卷材施工。

(2)局部铲全法

这种方法是将原有防水层进行局部铲除，即铲除部分严重损坏渗漏部分，清理基层，最好用水冲洗屋面，然后在原有防水层之上重新铺设整体卷材防水层。这种方法有利用新、旧防水层共同承担防水功能，改善和增强屋面整体防水质量。

第五单元　外墙防水施工

建筑物外墙防水，一般可分为外墙板拼接缝密封防水和外墙墙面保护性防水两种。

模块一　建筑物外墙板拼接缝密封防水施工方法

建筑物外墙板拼接缝密封防水是指对框架外墙板板缝或装配式墙板板缝的密封防水处理。

传统的外墙板板缝防水做法多数采用立缠、平缝、十字缝的空腔构造处理方法，其构造复杂，预制时尺寸精度不易控制准确；运输时挡水台、竖缝槽等细部构造容易损坏；施工时塑料挡水条难以按规范或设计要求安装到位。用这种费工、费力、费料的传统防水处理方法，其防水质量是得不到保证的，外墙板发生的渗漏现象是非常严重的。克服这一“先天不足”的防水做法是以构造简单的平直缝取代形状复杂的空腔缝，再对平直缝进行密封防水处理，就能起到良好的防水效果。这一防水做法，简单可靠，且省工、省力、省料，许多国家广泛采用。

一、合成高分子密封材料密封防水施工方法

1. 施工所需材料

(1)合成高分子密封材料。

在墙板板缝处进行密封防水，应选用非下垂型的合成高分子密封材料。

(2)聚乙烯泡沫塑料背衬材料。

(3)基层处理剂。

用于对板缝缝壁基层的初级密封防水处理，并增强所选用的合成高分子密封材料与缝壁基层之间的粘结力，更好地发挥密封材料在墙板板缝处的密封防水和抗渗能力。

基层处理剂一般应选用与所用密封材料性质基本相同的密封性稀浆状材料，或将密封材料溶解于相应的有机溶剂中稀释制成，其含固量在25%～35%之间。

(4)防污胶带。

防止缝槽两侧的墙面在密封施工时被密封材料的颜色弄脏，以保持墙面的整洁性，使被密封的缝槽在整体上具有“横平竖直”的观赏效果；防污胶带还可粘贴在缝槽内的密封材料表面，防止在对墙面进行装饰喷涂时，弄脏或损坏密封材料。常用的防污胶带有玻璃胶带、压敏胶带、牛皮纸等。如用挤出枪（嵌缝枪）进行密封施工，也可不用防污胶带。

(5)隔离条。

有的被密封的缝槽，其基底较浅（如金属缝槽），为防止密封材料与基底相粘结，采用体积较大的聚乙烯泡沫塑料棒材已不可能，所以只能采用扁薄形材料，如有机硅薄膜、单面光牛皮纸等。

隔离条的另一作用是：粘贴在某些与密封材料相粘结的背衬材料表面，替这些背衬材料起隔离作用。

(6)二甲苯或其他有机溶剂。

主要用于施工机具的清洗。

2. 施工所需机具（略）

3. 施工操作步骤

(1)缝槽基层的要求与清理。

进行嵌缝处理的墙板板缝宽度一般以15～30mm为宜。为使板面接缝线型美观，水平缝和垂直缝应做到横平竖直，缝槽两侧混凝土基层应坚实、平整、干燥。施工前，缝槽两侧的尘土、浮灰、碎渣及基底的污垢杂物用小平铲铲除，再用扫帚（或小油漆刷）和高压吹风机彻底清除干净，露出坚硬无尘埃的侧壁基面。

(2)填塞聚乙烯泡沫塑料棒材。

根据墙板板缝的宽度，选择直径比缝槽宽度大 4～6mm 的聚乙烯泡沫塑料棒材作为背衬材料，填塞于缝槽中，让槽壁挤紧棒材，并调整缝槽的嵌填深度为宽度的 0.5～0.7 倍(图 5—1)。

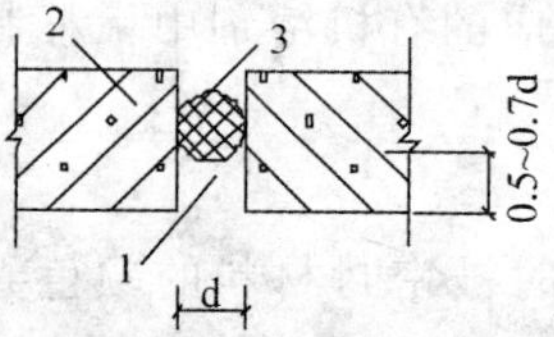

图 5—1　背衬材料堵塞深度图

1. 墙板板缝；2. 墙板
3. 聚乙烯泡沫塑料棒材

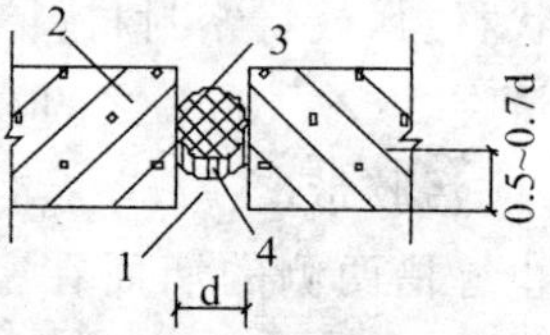

图 5—2　在背衬材料表面粘贴隔离条

1. 墙板板缝；2. 墙板
3. 普通背衬材料；4. 隔离条

如嵌塞在缝槽内的背衬材料不是与任何密封材料都不粘结的聚乙烯泡沫塑料棒材，而是其他柔性材料，则应在其表面粘贴隔离条(图 5—2)。粘贴时，隔离条不得过宽或过窄，如过宽，占去了密封材料与缝槽两壁的粘结面积，如过窄，则隔离不能完全起作用。采用这一方法，也可预先将隔离条粘贴于占背衬材料大于 1/2 的外表面，待填塞时，将贴有隔离条的一面朝外，这样就可避免出现以上两种情况。

(3)粘贴防污胶带。

为避免基层处理剂和密封材料弄脏缝槽两侧基面，应在两侧基面粘贴宽度为 15～25mm 的防污护面胶粘带(图 5—3)。防污胶带不得贴入缝槽内，也不得远离缝槽，宜离缝槽立面 1～2mm。

(4)清理缝槽。

经过上一阶段的施工处理，缝槽内会落入尘土杂物。为提高合成高分子密封材料与缝槽的粘结力，在正式密封施工前，还应用高压吹风机将残留在缝槽两壁和背衬材料表面的尘土杂物再次吹净，否则将会严重影响缝槽的密封性能。

(5)涂布基层处理剂。

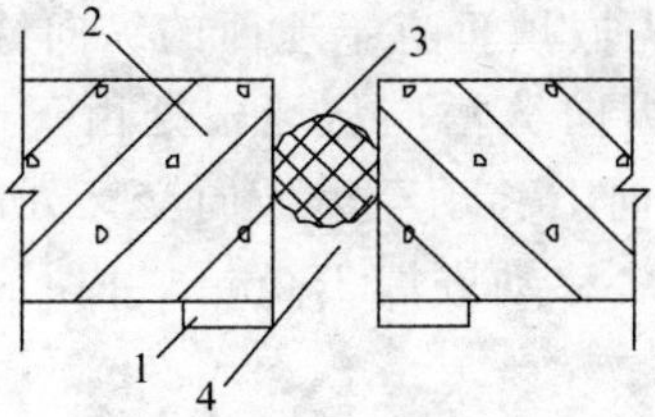

图 5－3　防污胶带粘贴位置

1.墙板板缝;2.墙板;3.背衬材料;4.防污胶带

用油漆刷蘸取基层处理剂,均匀地涂刷在已清理干净的缝槽两壁基面上,不得漏涂。

(6)嵌填合成高分子密封材料。

嵌填密封材料的最佳时机是基层处理剂刚表干之时。不同种类的基层处理剂的表干时间是不尽相同的,一般从涂刷完至表干时间约为 0.5h,时间间隔太久了将会严重影响密封材料的密封性能。如时间间隔太久(如过夜),应重新涂刷基层处理剂,表干,再及时嵌填密封材料。

密封材料的嵌填,一般应采用嵌缝枪(挤出枪),少量修补时可用腻子刀。施工前,根据缝槽宽度选用合适的挤出嘴,或将锥体塑料嘴按缝槽宽度斜切开。如密封材料为筒装的单组分材料,则将其装入嵌缝枪中后即可进行嵌缝施工;如密封材料为双组分材料,则应按配方规定的比例混合搅拌均匀(膏体色泽一致)后再吸入专用的嵌缝枪的枪筒内进行嵌填施工。

嵌填的方法是:把挤出嘴伸入缝槽基底(背衬材料表面,但不要压碰背衬材料),并按挤出嘴的斜度进行倾斜,用手慢慢搬动嵌缝枪的把手,以缓慢均匀的速度边挤边移动,使密封材料从背衬材料表面由底向面地逐渐填满整个缝槽。膏体和膏体间、膏体和缝壁间应充实饱满,不得留有空鼓气泡。

嵌填的接槎方法是:排尽挤出嘴内空气(方法是挤出一点密封材料),再把挤出嘴按倾斜度插入缝槽内已嵌填的密封膏体内,挤出嘴应直抵背衬材料表面,再按上述嵌填方法进行嵌填。

嵌填的顺序一般应先嵌填垂直于地面的纵向缝槽、后嵌填平行于地面的横向缝槽。纵向缝槽应从墙根处由下向上地进行嵌填，当从纵向缝槽缓慢地向上移动至纵横向交叉处的"十"字形缝槽时，应向两侧横向缝槽各移动嵌填 150mm，并留成斜槎，以便于接槎施工。

(7)修整缝槽表面膏体。

密封材料嵌填完毕后，趁其还没有完全固化，反应型或溶剂型密封材料应立即用蘸过二甲苯或其他有机溶剂的开刀或小平铲，把超过墙板平面多余的密封材料刮平，并对较薄的部位进行添加补平。水溶性密封材料蘸软水后刮平、补平。

刮平时，刮刀应有一定的倾斜度，并应顺一个方向进行，不要来回刮抹，否则容易形成裂缝，要使刀的背面轻轻地在密封材料表面滑动，形成光滑的膏面。

(8)揭去防污胶带。

密封膏体修刮平整后，要及时揭去防污胶带。揭去后，如墙体表面沾有少量密封材料或残留防污胶带粘结剂痕迹，应视密封材料和粘结剂的性质，用相应的有机溶剂或水进行仔细擦除。擦抹时，要防止溶剂损坏或溶开密封材料与墙板的粘结缝。密封完毕的墙板板缝的防水构造见图 5－4。

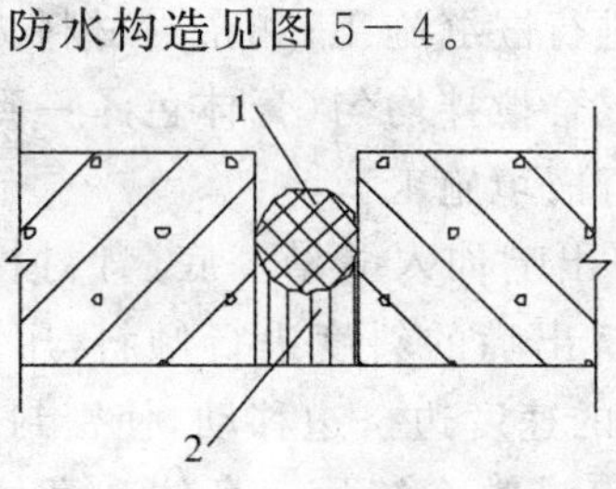

图 5－4 墙板板缝密封防水构造

1. 聚乙烯泡沫塑料棒材；2. 合成高分子密封材料

(9)自然固化。

缝槽内的密封材料应静置自然养护 2～3d，待密封材料表面干燥固化，与墙体粘结牢固，用手指碰之有硬感并不留指印时，才能清扫墙面，以防止提早清扫尘埃污染膏体表面或损坏膏体。对于容易遭到损坏的接缝，在还没有固化的养护阶段，应贴纸胶带加以保护。

4. 工程质量要求及验收

(1)合成高分子密封材料、聚乙烯泡沫塑料棒材相隔离条的质量必须符合要求，后两种材料必须和密封材料不相粘结或微弱粘结，这些材料的质量证明文件、材质报告必须齐全，并且与现场抽样检测的试验报告必须相符合。

(2)嵌填密封材料的缝槽宽度 d 与深度 h，应符合 $h=(0.5\sim0.7)d$ 的关系。

(3)密封材料与缝槽两侧的混凝土板壁必须粘结牢固，封闭严密，不允许有翘起、脱层、剥落、滑移等现象存在。否则应剔除重新密封处理。

(4)施工完毕，应进行密封质量检查。通过雨后或选点浇水的方法检查密封缝槽是否存在渗漏现象。如发生渗漏，必须重新进行密封处理。

5. 施工注意事项

(1)施工人员必须严格按施工步骤和要求进行精心操作，慎防留下渗漏隐患。

(2)存放密封材料及有机溶剂的仓库及施工现场，必须严禁烟火，并应备有消防器材。

(3)凡在高空作业，施工人员必须戴好安全帽和系好安全带。

(4)凡在施工中用过的机具，应视密封材料的性质进行清洗。溶剂型密封材料用棉纱蘸二甲苯或其他有机溶剂擦洗干净，但应注意防水；水乳型密封材料用软水进行清洗。

(5)这一密封措施，除了可用于外墙板拼接缝的密封防水处理外，还可用于饰面外挂板(如花岗岩、大理石等)的密封防水处理，可避免采用传统外挂措施导致饰面出现发花、泛碱、结斑等不雅观现象。

二、聚氯乙烯胶泥条密封防水施工方法

聚氯乙烯胶泥除了经熬制后可进行热灌施工外，还可在一定温度条件下经塑化、浇注、冷却后，制成条状弹性体密封材料，用热熔法进行嵌缝施工。

聚氯乙烯胶泥条（简称胶泥条）具有良好的弹塑性、耐高低温性、防水性和耐久性。经加热烘烤后，与混凝土、砂浆、木材、石材及金属等均具有良好的粘结性。当接缝因温度及结构变化产生位移时，能随接缝变形而变形，所以，能适应各种垂直与水平建筑接缝及节点的防水密封处理。

1. 胶泥条的配制

胶泥条以聚氯乙烯树脂等为原料配制而成，见表5－1。

表5－1　聚氯乙烯胶泥条原材料配合比（重量比）

煤焦油	聚氯乙烯树脂	增塑剂（邻苯二甲酸二丁酯）	稳定剂（三盐基硫酸铅）	填充料（滑石粉）
100	12	12	0.5	60～80

胶泥条配制过程如下：

(1)煤焦油脱水。

将煤焦油盛入熬制锅内用文火徐徐加热，以避免急火冒锅。升温后将锅内煤焦油温度控制在120～140℃之间脱水，直至不冒气泡为止。脱水后降温至40～60℃备用。

(2)配料。

按配合比称取聚氯乙烯树脂、邻苯二甲酸二丁酯和三盐基硫酸铅，混台搅拌成均匀的糊状。

(3)塑化。

按配合比将脱水降温至40～60℃的煤焦油倒入搅拌机中，然后将上述浆状混合物缓慢倒入搅拌机中，边加温边搅拌。当加热到90℃左右，搅拌机中的混合物开始膨胀变稠，待继续加热至

120℃时，又从稠变稀。这时按配合比加入填充料，在120～140℃温度之间，继续塑化5～10min后取样，如能拉成细丝，即告塑化完毕。

(4)成型。

将已塑化的胶泥立即浇入事先按接缝要求制作的模型中或综合成型模具中(模内徐刷用机油、滑石粉配制的脱模剂)。成型后的胶泥厚度应略大于接缝深度，或浇铸成各种厚度的胶泥条供选用。

(5)脱模。

待模具中的胶泥冷却后，倒扣在平面铁板上。

(6)裁胶泥条

按接缝尺寸宽度裁成宽度为10～40mm，长度、高度分别为100mm、200mm的正方体或长方体胶泥条，或按需要规格加工成其他尺寸的胶泥条，撒上滑石粉备用。

质量好的胶泥条在热状态下可拉成细丝，冷却后不粘手，无结块或不均匀现象，表面呈黑色光泽。配制不合格的胶泥条或裁制后的下脚料，均可回锅重新塑化，但掺量不应超过新料的10%。

胶泥条也可从产品质量可靠的生产厂家购进后直接进行施工。

2. 嵌缝施工

将缝槽内灰尘杂物清理干净方可进行嵌缝施工。胶泥条嵌缝施工一般采用煤油、煤气喷灯、乙炔喷枪操作。故缝槽基层可不涂刷基层处理剂。聚乙烯泡沫塑料棒材也可在用喷灯烘烤缝槽基层后再填塞。

嵌缝时可由二人同时操作，一人用喷灯先烘烤板缝内两侧基面，当基面预热后立即转移烘烤胶泥条两例；与此同时，第二人迅速将聚乙烯泡沫塑料棒材用弯钩钢筋推挤入缝槽内，这一操作需熟练，既要迅速、不影响胶泥条的填塞，又要使填塞深度满足胶泥条密封深度的要求(即密封深度为缝槽宽度的0.5～0.7倍)；当胶泥条经烘烤表面溶化后，第二人还应迅速用勾缝勾子将胶泥条勾入缝槽，紧压胶条，挤入缝内，并用小抹子抹压平整，使胶泥条与缝壁粘结牢固。

胶泥条的常规防水做法是，先在缝底用珍珠岩砂浆或 C20 细石混凝土勾缝，留出嵌填深度，待嵌填胶泥条后，再在其上抹 107 胶水泥砂浆，覆盖保护。这一做法的缺点是：胶泥四面受力，大大降低其密封使用性能。对这一做法加以改进，就能克服以上缺点，方法是：在胶泥的上底和下底均粘贴隔离条进行隔离（图 5－5），使其只受到两侧缝壁应力变化的影响。这一做法在施工时应加以注意的是，在烘烤两侧缝壁时，应防止将粘贴在缝底的隔离条烤坏或随用随贴，或在烘烤后立即放入牛皮纸（光面朝上）；待嵌填胶泥条后，缝面（上底）的隔离条的隔离面应朝胶泥，不得反贴。

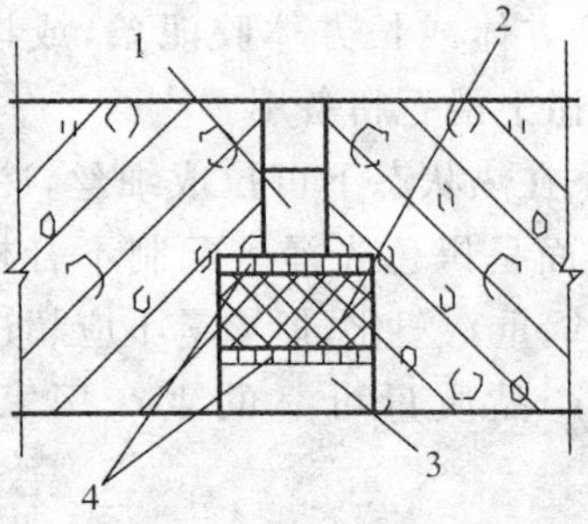

图 5－5　用隔离条隔离胶泥条的防水构造

1. 珍珠岩砂浆；2. 胶泥；3. 107 胶水泥砂浆；4. 隔离条

模块二　建筑物外墙面喷刷建筑憎水剂的防水施工方法

一般建筑物的砖砌墙、水泥板墙、大理石饰面、瓷砖饰面、天然石材；古建筑红黄粉墙、雕塑、碑刻等外露基面因长年经受雨水冲刷，会产生腐蚀性风化斑迹、长青苔、渗水、花斑、龟裂剥落等现象。经用有机硅乳液型建筑憎水剂喷刷过的墙面，在保持墙体原有透气性的情况下，能在一定时期内有效地防止以上现象的发生。

一、施工所需材料

1. 有机硅乳液型建筑憎水剂。

2. 自来水或饮用洁净水。

二、施工所需工具

水桶、喷雾器（如手提式、背式、农用电泵等）或滚刷、油漆刷、扫帚、容器、磅称等。

三、施工方法

1. 清理基层

施工前，应将基面的浮灰、污垢、苔斑、尘土等杂物清扫干净。遇有孔、洞和裂缝须用水泥砂浆填实或用密封膏嵌实封严。待基层彻底干燥后，才能喷刷施工。

2. 配制涂液

将乳液和水按 1∶10～15（重量比）的比例称量后盛于容器中，充分搅拌均匀后即可喷涂施工。

用水量的范围虽然规定在 10～15 倍之间，但实际配制时，用水量的多少应视当地的自然条件和基面的材质而定。所以，在正式配制前，应根据实际情况先配制少量涂液，按要求进行试喷，确认基面具有防水性能后再进行正式配制。一般来说，对于比较光滑的基面（如瓷砖、大理石、水磨石、花岗岩等饰面）用水量应少些，一般取下限；对于比较粗糙的基面（如清水墙、混凝土水泥墙等），用水量应多些，一般可取上限，但不能超过上限，否则会失去防水效果。

3. 喷刷施工

将配制稀释后的涂液用喷雾器（或滚刷、油漆刷）直接喷涂（或涂刷）在干燥的墙面或其他需要防水的基面上。

喷刷顺序：喷刷应有规律地进行，顺序要规范化。先从施工面的最下端开始,沿水平方向从左至右或从右至左(视风向而定)运行喷刷工具,随即形成横向施工涂层,这样逐渐喷刷至最上端,完成第一次涂布。也可先喷刷最下端一段,再沿水平方向由上而下地分段进行喷刷,逐渐涂布至最下端一段与之相衔接。

喷刷次数:每一施工基面应连续重复喷刷两遍。第一遍沿水平方向运行喷刷工具,形成横向施工涂层,在第一遍涂层还没有固化时,紧接着进行垂直方向的第二遍喷刷。否则,在第一遍涂层固化后(相隔几小时)再喷刷,固化后的涂膜已出现"憎水"特性,喷了也会滑落,就喷不上了。另一方面,绝大部分基面都非常干燥,第一遍涂层喷刷后很快就干了(但还没有固化),喷刷过的基面和没有喷刷过的基面很难辨别,所以容易出现漏喷现象,验收时也看不出,直到下雨时才会暴露出来。所以为了防止漏喷,必须进行第二次垂直方向的喷刷。

第二次垂直方向的喷刷方法是视风向从基面左端(或右端)开始从上至下或从下至上运行喷刷工具,形成竖向涂层,逐渐移向右端(或左端),直至完成第二次喷刷。两次喷刷工具的运行路线呈"十"字交叉,一方面是为了防止漏喷,另一方面是为了使乳液尽可能多地渗入到整个施工基面的毛细微孔中去,提高施工质量。需要注意的是,不得跳跃、无序或随意地乱喷,否则,很容易出现少喷或漏喷现象,影响施工质量。

面砖的喷刷方法:瓷砖或大理石等饰面的喷涂重点是砖间接缝。因接缝呈凹条型,和饰面不处在同一个平面上,所以,即使用"十"字交叉法喷刷,也很难使凹缝处的微孔全部喷到涂液。此时,可先用刷子紧贴纵、横向接缝,上下、左右往复涂刷一通,再用喷雾器对整个饰面满涂一遍。

四、施工条件

雨天、雪天、霜冻天和 6 级风以上天气不得施工。冬季在墙面不冰冻条件下可以施工,但固化时间较长。

五、施工注意事项

(1)严格按 1∶10～15 的配合比(重量比)将乳液和水稀释。水量过多,防水会失效。

(2)施工时,涂液应现用现配,用多少配多少,稀释液宜当天用完。

(3)对墙面腰线、阳台、檐口、窗台等凹凸节点应仔细反复喷涂,不得有遗漏,以免雨水在节点部位滞留而失去防水作用,向室内渗漏。

(4)施工后 24 小时内不得经受雨水侵袭,否则将影响使用效果,必要时应重新喷涂。

(5)喷涂时,人应站在上风口,顺风向喷涂。

(6)按要求喷涂固化后,需进行泼水或淋雨试验,如发现有吸水痕迹,干燥后应对该部位进行补刷处理,直至合格为止。

(7)运输和贮存时应防止雨淋、吸湿或暴晒,冬季防止冰冻。

(8)乳液密闭贮存期为一年。

模块三　外墙面渗漏的原因与修补工艺

一、墙面渗漏原因分析

墙面渗漏原因是多方面的,但主要原因有如下几种:

(1)墙体基础沉降不均匀导致墙体开裂而渗漏。

(2)女儿墙组合柱周和女儿墙阴阳角处渗漏,由于混凝土收缩产生裂缝,凹槽及阴阳角防水层与基层粘结不牢固而造成渗漏。

(3)墙体材料吸水率过高造成渗漏。

(4)墙体分格缝采用木制分格条。墙体抹灰前用木制分格条作为分块抹灰的基准,初凝后取出来,在取出木条时,难免碰坏周边的抹灰墙面,使墙面与抹灰接缝不严密,下雨时引起渗漏。这种渗漏水会使内墙面出现印迹，时间长了湿印迹变黑、发霉，严重影响美观、使用，甚至霉烂室内衣物等。

(5)灰缝不饱满导致墙面渗漏。施工单位施工时，一般对砖砌体不够重视，砌筑前对于砖浇水湿润的重要性认识不足，为图省事，用干砖砌墙，砂浆很难铺摊，干砖与砂浆的粘结度差。

(6)砌筑方法不当。目前采用的铺灰砌砖法，因为灰刀铺的砂浆已在底层砖面上刮平，砖摆上去很少挤揉，砖的底面和头缝与砂浆粘结少，无法填严上下砖块表面的微孔，挤除缝中的空气，竖缝中也难挤满砂浆，使用砌体无法成为密实的整体。

(7)设计不够合理。设计横墙间距过长，墙体刚度不足，层间少设圈梁，转角处未加筋，墙面开洞处不设抗裂钢筋，温度缝和沉降缝处理不当，窗洞上檐没设计滴水线等。

(8)施工粗放、材料质量控制不严。墙面粉刷材料未按规定配制，中砖质量不符合粉刷要求，水泥未达到设计标号，产生大面积发丝干缩裂缝，墙体砌筑砂浆标号偏低，砂浆不饱满，砌体有通缝、空缝；刮粗及面砖粘结不密实，面砖表面裂缝较多、强度低、吸水率大；窗台室内、外没有高低差，使雨水沿窗台外泛入室内墙面；施工中粉刷疏松，勾缝不实、空鼓，极易积水渗入墙内等等。

二、墙面修补工艺

1. 外墙面渗入修补工艺

一般来说，室内墙面的渗漏，主要是雨水从外墙渗入所致，因此应先修补外墙，堵塞渗漏通道。

(1)女儿墙卷材收头可直接铺压在女儿墙的混凝土压顶下，压顶必须做好防水处理；也可以在砖墙上留凹槽，卷材收头压入凹槽内，用压条或垫片钉压固定，再嵌填密封材料封闭严密；或者屋面板沿纵墙内边设现浇板带与圈梁同浇，并使圈梁高出板面。设计时加大屋面排水坡为 2%～3%，纵向泛水坡度≥1%，适当加大水管管道直径，避免屋面积水。

(2)外墙抹灰分格条改用玻璃分格条代替木制分格条。原木制分格条渗漏水的可用聚氨酯密封材料或聚氨酯防水膏填缝,防水效果良好。

(3)外墙面裂缝渗漏的处理。先将墙面清理干净并干燥后,用聚合水泥砂浆或聚合水泥浆进行批刮,将裂缝封闭。较简单的办法是在水泥砂浆内加少量减水剂及20%~30%107胶水配制。倘要求较高的,则可用氯偏树脂乳液配制抗渗水泥砂浆。若墙面裂缝大的,就要用聚氨酯或硅酮密封膏嵌缝,再用聚合水泥砂浆盖缝封闭。最后用丙烯酸酯类弹性涂料进行面层处理;或用有机硅涂料涂两遍;或喷涂有机硅憎水剂等。

(4)外墙面为各类面砖而渗漏的处理。近年来,作者对各类外墙面渗漏处理方法进行过研究,简述如下:

① 综合分析墙面渗漏原因,对症下药。如外墙没有压顶应处理好压顶。具体方法是:先用水泥砂浆找平抹光,待干燥后再用聚氨酯二涂一布压顶。

② 如面砖粘贴不密实、沟缝不饱满而渗漏的墙面。宜先用白水泥加适量的快递堵漏剂,将缝全部嵌填,然后用聚氨酯(临街面宜用白色聚氨酯防水涂料)防水涂料将缝及裂缝面砖全部涂1~2遍。如面砖质地疏松,吸水率过高而渗漏的墙面。宜在怎么勾缝完毕之后,再对面砖全面喷涂有机硅憎水剂。

(5)外墙面无裂缝其渗漏主要是粉刷层疏松,存在大量毛细孔而造成的。可采取大面积喷涂有机硅憎水剂进行防渗。

2. 内墙面渗漏的修补工艺

(1)内墙面修补　首先应将内墙面渗漏部位的面层涂料及纸筋灰层全部铲除干净,然后再用水泥砂浆(宜掺适量的水泥防水剂或快速堵漏剂)作粉刷层,最后用聚氨酯防水涂料刮涂1~2遍,再在其上抹一层水泥砂浆,然后做仿瓷涂料或喷塑或贴墙纸装饰。

(2)窗台及窗框周边渗漏的修补　在铝合金窗框周边去除不合要求的密封膏,重新用优质聚氨酯密封膏密封。外周边粉刷层或面砖等空鼓处要敲掉重新补贴，然后用水泥砂浆密实。

室内窗台疏松砂浆铲除，用聚合水泥砂浆进行粉刷。室内窗台应高出室外窗台 10mm。

第六单元　厕浴间防水施工

厕浴间面积小，管道多，卫生器具形状复杂，工作面小，卷材施工困难，防水质量难以保证。厕浴间采用涂膜防水材料比传统的卷材做法更为适合。涂膜防水是在结构层表面涂刷一定厚度的、无定型液态防水涂料，经过常温胶联、固化后，形成一层具有一定坚韧性的弹性涂膜，从而具有防水功能。根据防水基层的情况和适用部位，可将加固材料和缓冲材料铺设在防水层内，可达到提高涂膜防水效果、增强防水层强度和耐久性的目的。

就我国目前防水涂料的品种看，厕浴间防水宜采用聚氨酯煤焦油涂料，SBS 改性沥青涂料，氯丁橡胶沥青涂料，硅橡胶涂料，聚氯乙烯胶泥等。其中双组分聚氨酯煤焦油涂料和 SBS 改性沥青涂料较为适合。

本章以 SBS 改性沥青涂料为例叙述施工情况。

模块一　厕浴间地面防水施工

一、厕浴间地面构造

厕浴间地面构造具体见图 6－1。厕浴间地面由下及上（1－6）依次由结构层、找平层、防水层、找坡层、找平层、面层组成。

结构层最好采用整体现浇钢筋混凝土或预制整块开间钢筋混凝土板。如果设计的是预制空心板，板缝应用防水砂浆堵严，表面 20mm 深处宜嵌填沥青基密封材料；也可在板缝嵌填防水砂浆抹平后，附加涂膜防水层，即铺贴一层 100mm 宽的玻璃纤维布，涂刷两道沥青基涂膜防水材料，其厚度不小于 2mm。

找平层，用 1∶2.5 水泥砂浆找平，在结构层上做一层找平层，在找坡层上再做一层找平层，要求压实收光，不能有起砂、麻面、孔洞等现象。

防水层位于找平层之上，找坡层之下。

找坡层坡度一般为 2%，坡向地漏处以保证地面排水通畅，找坡层厚度小于 30mm 时，可用水泥砂浆或水泥混合砂浆（水泥∶石灰∶砂=1∶1.5∶8）找坡。

面层按设计要求的材料选用，一般采用陶瓷地面砖、陶瓷锦砖铺贴，或做整体的水泥砂浆、水磨石面层。

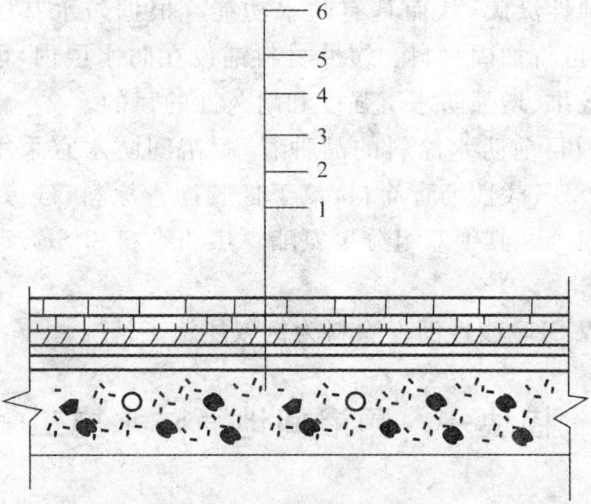

图 6—1　厕浴间地面构造

二、地面防水施工前的要求

(1)防水层施工前，所有的管件、卫生设备、地漏等都必须安装完毕，按要求固定牢固，接缝严密，管道根部应用水泥砂浆或细石混凝土填实，并用密封膏嵌填严密，高出地面 20mm。

(2)地漏标高应低于地面 15mm 左右，地漏处 300mm 直径内排水坡度为 3%～5%，使水能迅速地排入地漏。

(3)水泥砂浆找平层平整坚实，无起砂起壳、无麻面松动及凹凸不平现象。

(4)阴阳角要找抹成小圆角，管根处要填实，抹成凹形，便于嵌缝处理。

(5)基层表面要求干燥，含水率不大于8%。

(6)厕卫间自然光线较差，施工时工人不便操作，应添置足够的照明设施，如果通风不良应增加通风设施。

三、地面涂膜防水层施工

1. 施工工艺顺序

SBS改性沥青防水涂料需要配合胎体增强材料做成防水层，其二布六涂防水涂层操作工艺顺序为：清理基层→涂刷第一道涂料→铺贴第一层玻纤布并涂刷第二道涂料→涂刷第三道涂料→铺贴第二层玻纤布及涂刷第四道涂料→涂刷第五道涂料→涂刷第六道涂料→第一次蓄水试验→保护层施工→质量验收→第二次蓄水试验。

2. 施工操作要点

(1)清理基层。

将基层表面灰尘、浮浆及其他杂物清理干净。

(2)刷第一道涂料。

将SBS防水涂料用油漆刷均匀地涂刷在基层表面，要求涂刷均匀一致，不漏刷、不堆积、不流淌。

(3)铺第一层玻纤布同时涂刷第二道防水涂料。

第一遍涂料涂刷达到表干(约4h)后，即可边铺第一层玻纤布边涂第二遍防水涂料，要求玻纤布展平、没有皱折、涂料浸透布纹，不显白茬。

(4)涂刷第三道涂料。

需待第二道涂料达到实干后(约12～14h)，再涂刷第三道涂料SBS防水涂料。

(5)铺贴第二层玻纤布及涂刷第四道防水涂料。

第三道防水涂料达到表干(约4h)后，即可进行第二层玻纤布的铺设，同时涂刷第四道SBS防水涂料。铺贴时应注意上下两层玻纤布的铺设，同时涂刷第四道SBS防水涂料。铺贴时应注意上下两层玻纤布的接缝应错开幅宽的1/2，接缝采取搭接，搭接宽度为100mm。

(6)涂刷第五道防水涂料。

待第四道防水涂料达到实干(约12～14h)后，即可进行第五道SBS防水涂料的涂刷。

(7)涂刷第六道防水涂料。

待第五道防水涂料达到表干(约4h)后，即可进行最后一道SBS防水涂料的涂刷。

(8)第一次蓄水试验。

二布六涂防水层做完，待达到实干(约12～14h)后，即可进行蓄水试验，蓄水时间不少于24h，不渗漏为合格。

(9)保护层施工。

蓄水试验合格后，应及时做防水层的保护层，可按设计要求做水泥砂浆或细石混凝土保护层及陶瓷锦砖、陶瓷地面砖等面层。

(10)第二次蓄水试验。

在工程竣工验收前，应再做一次蓄水试验，以检验在防水层完成后的保护层施工、水电安装及其他装修工序中有无对防水层造成损坏，确保防水质量。

3. 施工注意事项

(1)防水涂料应有产品合格证及使用说明，现场按要求进行取样复检，复检项目应符合国家标准规定的性能指标。

(2)涂膜防水层施工时，环境温度应在5℃以上。

(3) 自然光线较差的厕浴间，应有足够的照明设施，自然通风较差时，应增设通风的设备。

(4)操作有毒的防水涂料时，应有防毒措施。

(5) 堆放防水涂料处，配料及操作现场应严禁烟火。

(6)施工中应对地漏、蹲坑及排水口等采取保护措施，以保证排水通畅。

(7)施工好的涂膜防水层,应采取保护措施,防止造成损坏,施工中遗留的砂浆等杂物应及时清除干净。涂膜干燥前不允许上人踩踏,以免破坏防水层。

模块二　节点防水施工

一、立管根部防水施工

立管根部防水构造如图 6－2 所示。立管定位后,楼板与立管之间的空隙应用 1∶3 防水砂浆堵严,如缝隙大于 20mm 时可用 1∶2∶4细石混凝土堵严,管根周围宜形成 15mm×15mm 凹槽。将立管周围的凹槽清理干净,并在干燥状态下,用建筑密封材料刮压严密、饱满、无气孔,与管根周围混凝土粘结牢固。刮压密封材料前应先涂刷基层处理剂。清除管道外壁 200mm 高范围内的杂质、油垢、灰浆,涂刷基层处理剂,并按设计要求涂刮防水涂料。

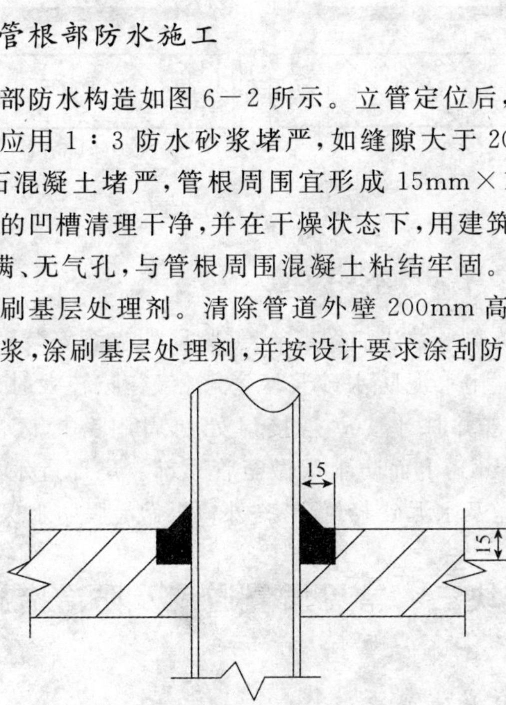

图 6－2　立管防水图

二、地漏防水施工

地漏处防水构造如图 6－3。地漏处立管定位后,楼板周围的缝隙用 1∶3 防水水泥砂浆堵严密,缝隙较大于 20mm 时用 1∶2∶4 细石混凝土封堵。基层应向地漏处找出 2%的排水坡度,以保证地面水向地漏处汇集。大于 2%的坡度时，应用 1∶6 水泥焦渣垫层。地漏上口周围 10mm×15mm，用密封材料封严，上面再做涂膜防水层。地漏篦子安装于面层，周围 50mm 范围内找坡 5%。

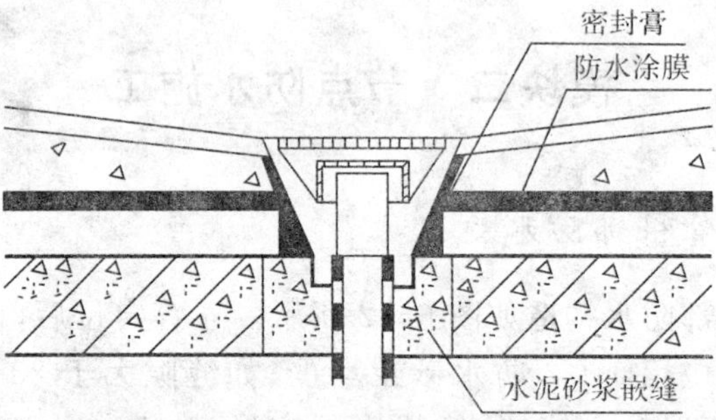

图 6—3 地漏防水图

三、大便蹲坑防水

大便蹲坑防水做法如图 6—4。蹲便器立管安装定位后，与楼板之间的缝隙用水泥防水砂浆堵塞严密，缝隙较大时可用细石混凝土封堵严密并抹平。立管接口处四周用密封材料交圈封严(10mm×10mm)，上面防水层做至管顶部。尾部进水处与进水管接口用油麻丝及水泥砂浆封严密，外口再做涂膜防水保护层。

模块三 常见质量通病及防治措施

一、蹲式大便器渗漏

以前建的卫生间多采用蹲式大便器，这个部位很容易出现渗漏。因为大便器与自来水管连接处要处理好非常难，所以渗漏现象比较普遍，致使卫生间的墙体常年湿透、粉刷层脱落、砂浆强度降低。

渗漏原因来自多方面，具体表现在以下三个方面：

(1)大便器的下水管孔一般多是在现浇楼面时预留，有时因预留位置不准确，待楼面混凝土浇好后安装下水管时重新开孔，铸铁管安装后多用普通水泥填孔，所以混凝土凝固收缩后形成较大的缝隙。

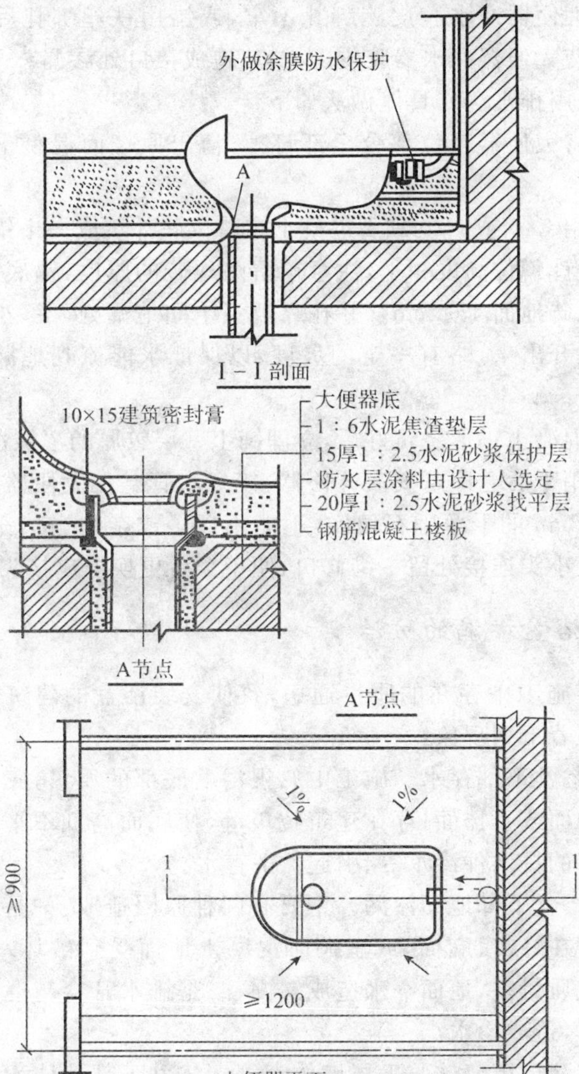

图6－4　大便蹲坑防水图

(2)大便器蹲位部分未按规范要求施工，蹲位底部低于卫生间马赛克地面，蹲位无形中成了卫生间的积水池。

(3)大便器冲水胶皮碗绑扎不牢，或错用铁丝绑扎后，铁丝锈蚀断裂，使大便器冲水器胶皮碗松口，造成接口处渗漏。

可采用排水法。具体做法如下：

(1)将大便器蹲位部分全部打掉，清出原楼面混凝土，并用水冲刷干净。

(2)用C15或C20细石混凝土在蹲位底部筑成一个锅形、锅缘高度与设计蹲位高度一平，注意预留贴地砖的厚度，锅底面要高于卫生间地砖地面1～2cm。并在靠近卫生间地漏处开一小导流口，从锅底处开出来，略有一定的坡度．以保证水能流到地漏，保持锅底不积水。

(3)混凝土锅形浇筑好后，立即铺上一层较厚的尼绒薄膜。

(4)稍干后立即可安装大便器，接好水管。在大便器底部及周围用1～5cm的干净砾石填实，不能用砂子或杂物当填充材料，并在橡皮大小头连接处留一维修口，便于今后更换橡皮接头。

二、浴盆渗漏的防治

由于施工中存在的质量通病，致使安装浴盆的建筑物中不同程度存在着下列现象：

(1)浴盆下部存水。施工中忽视浴盆底部的质量，底面不按坡度要求抹面或不抹面；存在建筑垃圾等，使底面高低不平。出现与浴盆连接的排水件渗水等、引起盆下存水。

(2)浴盆下部地面渗漏。主要有两种原因造成：一是现浇混凝土地面存在蜂窝、麻面，或凿洞时混凝土地面受到破坏，安装前没有抹面或质量差，地面存水造成渗漏；二是排水管穿越混凝土板部位处理差，造成渗水。

3.浴盆周围墙体与下层墙体潮湿。浴盆下部墙体不抹灰或抹灰层不防水，如遇到浴盆满水后人进入盆内，溢水口不能及时排出，水从盆上四溢而渗墙；或盆下地面存水渗墙，使墙体潮湿。

防治措施如下：

(1)保证地面的施工质量。首先，在现浇卫生间混凝土地面时.要严格遵守混凝土配合比，现浇板振捣密实，以消除板的蜂窝与孔洞，并把排水管的安装洞口预留好，以防止凿洞而造成现浇板的破坏，与卫生间现浇板上相连的上部墙体，要与现浇板一起整浇高度大于 120 mm 的混凝土；排水管穿过地面的洞口，要用 C20 以上的细石混凝土捣实，并作防水处理。这样，即使地面存水，也不会渗漏和渗墙。其次，浴盆下部地面要采用外加剂的水泥砂浆防水层或刚性多层做法防水层，并有坡度倾向检查门，保证地面有水时从检查门流出，使盆下不会存水。

(2)做好浴盆周围墙体的防水。一定要消灭浴盆下部墙面不抹灰的通病，浴盆下部墙体、上部瓷砖饰面的基层必须抹防水砂浆，预留的洞口防水要到位。这样，不会因淋浴头水喷到墙上或盆溢水而渗墙。

(3)浴盆安装要规范。浴盆安装时上口要平整，严禁向某一方向倾斜。与浴盆连接的排水配件，质量要好，使用的垫圈不少，与盆的连接要紧密，不得渗水。排水配件与排水管承插处要到位，并打口密实，一定要消灭该处承插不到位、不打口的问题。

(4)加强配合。要防止在砌浴盆的支座时随意砌筑，不做防水处理。浴盆下部地面存在垃圾造成地面排水不畅。检查门尺寸、位置要正确，要便于排水，严禁门底部高于盆下地面。要注意浴盆边缘与墙体的关系，防止缝隙漏水。如确有缝隙，应在该处打密封胶。

三、地漏接口处渗漏

渗漏原因：主要是厕浴间地面坡度不够，造成倒坡，形成倒泛水，卫生设备排水不畅，致使防水层破坏。

防治措施：地漏处防水施工前应用豆石混凝土或防水砂浆堵地漏周围的楼板洞，要捣实，再用 1∶2 半干硬性水泥砂浆抹光表面，严禁用碎砖堵洞。坡度要5%左右，地漏雨口要低于地面20mm，以防积水。

四、管道根部渗漏

渗漏原因：套管出地面高度小或套管跌伤落在地面下，水直接从套管渗漏到屋顶板；穿墙管与楼饭之间堵洞未按要求施工，堵洞不密实，防水层完工后，立管重新找正，破坏管道根部防水层；管道根部高出地面不明显，存水造成渗漏。

防治措施；穿楼板的立管应埋设套管，套管应高出地面20mm，套管与楼板之间的孔洞应用防水砂浆填实，表面用干硬性砂浆抹平压实。立管与套管之间的缝隙应用建筑密封膏封严，或套管内缠绕油盘根绳塞严，再用油灰封堵抹平。以免夏季水管结露时沿管流入楼板内。

五、楼板下面渗水

渗漏原因：由于防水层粘贴高度不够，致使墙面根部浸水，渗入楼板下面。

防治措施：防水层的铺贴高度应超过水的浸蚀面，蹲坑部位应超过蹲台地面200mm以上，拖布池应超过水池地面200mm以上，淋浴间要超过地面1.5m以上，澡盆上沿部位应超过澡盆500mm以上。盆底部要抹光，排水管承插深度不少于50mm，以免水外溢，小便池部位应高出淋水花管200mm以上。

六、墙面渗水

渗漏原因：厕浴间内隔墙为石膏圆孔板或纸面石膏板墙时，出于隔墙受潮，致使墙板粉化、渗水，以至浸蚀室内墙面装饰层。

防治措施：石膏隔墙板应采取防水、增强措施。如在施工厕浴间墙面装饰层前，在石膏板墙面先涂刷防水剂及增强剂，然后再做墙面装饰层。也可以在石膏板墙表面涂刮防水胶粉二道，以起到防水增强作用，然后再进行厕浴间墙面装修。涂刮防水胶粉时，可将“爱防水胶粉”加入 1/4.5（即粉：水＝4.5：1 重量比）的清水，搅拌均匀，涂刮在石膏板墙面，涂刮二道成活，厚度可达 2mm。

七、排气管渗漏

厕所内处理臭气的排气管，因不考虑受水压力的作用，一般在安装时草率从事，所用的材质较差，厚度亦不足等，一旦伸出屋顶部分的排气管，因屋面积雨水的关系，易使雨水流入排气管内，由于配管裂口或管壁外侧的缝隙，通过配管的线路，而流入各层楼的房间内，且以排气管管口部位的渗漏最为严重。

为了防止上述现象的发生，伸出屋面的排气管周围找平层，应做成圆锥台，管道与找平层间应留凹槽，并嵌填密封材料，防水层的收头处应用金属箍箍紧，同时用密封材料封严，详见图 6－5。

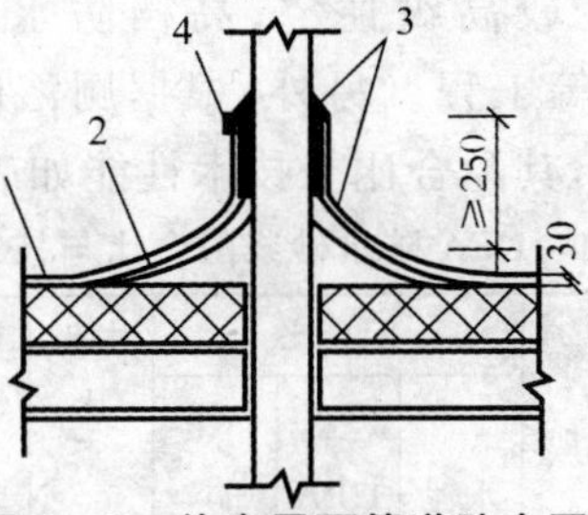

图 6－5　伸出屋面管道防水图

1. 防水层；2. 附加层；3. 密封材料；4. 金属箍

八、靠近浴室的房间渗漏

一般公寓式住宅厕浴间或旅馆套房浴室的浴盆（缸），大多放置于墙角处。因浴盆向外的一例成半空状，显得残缺已有碍美观，为此常用隔板、砖块及瓷砖等材料予以遮盖。由于浴盆下的楼板面，通常不作防水及水泥抹面等表面处理，因此该部位为整个房间的最低洼处。当浴盆盛水使用时（包括沐浴、泡洗衣服等），其溢出的水，将由墙壁与浴盆的接缝处渗漏，浸湿相邻房间的底部墙面；

如溢水过多，水分将潜入相邻房间的结构楼板与装饰地板之间，遂引起拼花地板、塑胶地板、地毯等鼓胀、松动、腐损等情形，严重时还会引起地面积水。与此同时，浴盆溢出的水，尚可通过楼板的裂缝，直接流入浴室及相邻房间的下一层楼地面上。

出现上述情况主要原因有两点：

(1)浴盆与隔墙之间未做密封处理，砖墙砌筑质量较差，墙体不密实。

(2)钢筋混凝土楼板在荷载及温差作用下，必然会产生斜向开裂与横向开裂。由于浴盆多置于墙角处，而该处又是容易发生斜向开裂的部位，因此浴室内积水极易通过楼板的裂缝渗入到下一层楼的地面上。

根据工程性质与使用标准，宜选择涂膜防水材料。低档防水涂料其防水层厚度为 3mm，可用于一般住宅；中档防水涂料防水层厚度为 2mm，可用于较高级住宅；高档防水涂料防水层厚度为 1.2mm，可用于宾馆等工程。另外，根据厕浴间的不同部位，也可采用 UEA 防水砂浆，其配合比与技术性能如表 6－1 所示。

表 6－1　UEA 防水砂浆配合比与技术性能

防水部位	厚度(mm)	水泥＋膨胀剂(C)＋(UEA)(kg/m^3)	UEA C/U(%)	配合比			水灰比	稠度(cm)	28d 抗压强度(MPa)	28d 膨胀率(%)	抗渗等级
				水泥	UEA	砂					
垫层	20～30	550	10	0.9	0.10	3.0	0.45～	5～6	61.3	0.120	S2.0
防水层	15～20	700	10	0.9	0.10	2.0	0.50	5～6	65.4	0.146	S3.0
管件接缝	—	700	15	0.85	0.15	2.0	0.40～ 0.45 0.30～ 0.35	2～3	50.6	0.593	S1.5

具体施工方法如下：

(1)先做附加防水层。阴阳角高一般为 100～150mm，可用一布二涂附加防水；浴盆靠墙体部分的防水层，应高出浴盆 100～

150mm，并与地面连成整体。

(2)蓄水试验不可省略。待地面防水层全部完成后，应先做蓄水试验，经 24h 无渗漏时，然后再做面层与装修。

(3)注意排水坡度。浴室地面向地漏处的排水坡度一般为 2%，而在地漏周边 50mm 处，其排水坡度应加大至 3%～5%。

4.做好接缝处理。地漏、下水管与地面处，均是防水的薄弱部位，均应按要求精心施工，不可简化工序。另外，浴盆侧面铺贴的瓷砖，应坚固、平整、密实，浴盆与地面、堵面的接缝处，均应用密封膏嵌填严密。

第七单元　地下室防水施工

目前,我国地下室防水的形式主要有:防水混凝土结构本体防水、防水砂浆刚性防水、卷材防水以及涂料防水等。这里主要介绍卷材防水法和涂膜防水法。

模块一　卷材防水法

卷材防水层是用卷材和胶结材料通过冷粘、热熔粘结等方法形成的防水层,属于柔性防水范畴。卷材防水层具有良好的抗渗性、韧性和延伸性,能适应一般振动和微小变形,是地下防水工程常用的施工方法。随着我国建材工业的发展,除传统的石油沥青外,相继研制开发了一些抗拉强度高、延伸率大、耐久性好、施工方便的改性沥青防水卷材及高分子防水卷材,为保证防水工程质量和防水效果提供了条件。

地下卷材防水层的做法是根据水侵入的方向来区分的,有外防水法和内防水法两种。将卷材防水层粘贴在地下工程结构的迎水面通常称外防水,贴于背水面称内防水。一般掘开施工的地下工程都采用外防水做法(图 7—1)。外防水法根据保护墙的施工先后及卷材的铺贴位置,又分为外防外贴法和外防内贴法。外防水外贴法是先进行防水结构的主体施工,然后将卷材防水层铺贴在防水结构的外表面,再砌永久性保护墙。这里主要介绍外防外贴法。

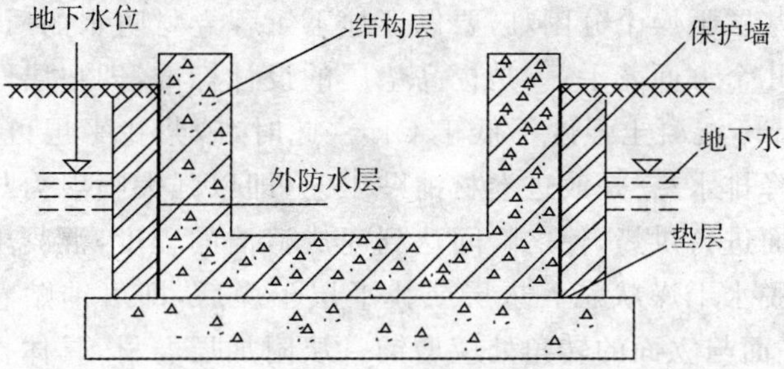

图 7—1　外防水结构

一、施工顺序

外防水外贴法施工顺序为：铺设垫层→砌筑部分保护墙→铺贴防水卷材→平面保护层施工→浇注混凝土结构→继续铺贴防水层→立面保护层施工→回填土。

二、施工要点

1. 铺设垫层

按设计要求浇注混凝土垫层，然后在垫层上抹 1∶3 水泥砂浆找平层。找平层要求抹平、压光，平整度达到规范要求。

2. 砌筑部分保护墙

在需要做垂直防水层的结构外侧四周，自垫层面至底板面砌筑永久性保护墙，其高度不小于 B＋200～500mm（B 为底板厚度）。而上部砌临时性保护墙，高度按卷材搭接长度而定，一般为 150(n＋1)mm（n 为卷材层数）。临时性保护墙用石灰砂浆砌筑，以便拆除。在永久性保护墙内侧抹 20mm 厚 1∶3 石灰砂浆找平层，而临时性保护墙内侧抹 20mm 厚 1∶3 石灰砂浆找平层，与平面交接处应抹成圆弧或钝角。

3. 铺贴防水层卷材

地下工程水源较多，形成条件复杂，如发生渗漏，检查与修补比较困难，因此，地下卷材防水层的铺贴必须采用满粘法。但地下工程的基层干燥十分困难，要保证地下工程卷材防水的质量，可以从以下几个方面着手：一是提高垫层的设计标准，即垫层厚度不小于100mm，混凝土强度不低于C15。此时，砂浆找平层可取消；二是加强降排水；三是改进卷材铺贴工艺，即以强大喷射力与高温对垫层表面进行烘烤，使之瞬间达到完成清洁的程度，混凝土表面也可接近脱水干燥状态。垫层或找平层干燥后，即可铺贴卷材防水层，在平面与立面的转角处应增铺一层附加层卷材，具体操作方法与屋面防水卷材相同。

4. 平面保护层施工

底板垫层上的卷材及立面保护墙的卷材铺贴后，可以在底平面铺筑30～50mm厚的C20细石混凝土保护层，在立面抹1∶3水泥砂浆做保护层。

5. 浇注混凝土

利用临时保护墙做外侧模板，浇注结构底板及墙体混凝土。

6. 再铺贴卷材防水层

混凝土结构施工、验收后，拆除临时保护墙，抹水泥砂浆找平层，清理出甩槎接头的卷材，如有破损，应及时进行修补，再依次分层铺贴结构外表面的防水卷材。此处卷材可错槎接缝，上层卷材盖过下层卷材应大于150mm，接缝处加盖条。

7. 立面保护层施工

卷材防水层铺贴后，经验收合格后，即可进行保护层施工。上面保护层可采用永久性保护墙，也可铺贴高压聚乙烯泡沫板或再生聚苯板、沥青板等柔性保护层。

采用砖砌保护层时，保护墙每隔5～6m及转角处应留缝隙，缝宽不小于20mm，缝内用卷材条成沥青麻丝以及其他柔性密封材料填塞。另外，保护墙与防水层之间留50mm空隙，缝内填松散材料或石灰砂浆。随砌砖随填塞，防止保护墙与主体结构因沉降不一致，而拉破卷材造成渗漏。

采用再生聚苯板做保护层时，可用20mm或50mm厚的板直接粘贴在防水卷材的表面，也可使用聚苯乙烯泡沫板。使用这两种板均可采用聚氨酯防水涂料做粘结剂。

8. 回填土

立面保护层施工完毕后，即可进行回填土。回填土必须认真施工。及时回填土可以避免防水结构或防水层被水浸泡，而且要把回填土看作是地下工程的第一道防水线，认真按设计要求分层夯实。同时要求土中不能含有石块、碎砖、灰渣及其他有机杂物。另外，一般在距立面保护层外侧 500mm 范围内，应用黏土或 2∶8 的灰土回填，并分层夯实。

三、施工质量要求

1. 作业条件

(1)防水层施工期间应做好降水工作，将地下水位降到防水工程底部最低标高以上 300mm，直到防水工程全部完成。

(2)冷粘防水卷材在 10～25℃气温下施工，热熔卷材防水在－10～＋25℃气温下施工。

(3)防水卷材及配套使用的胶粘剂进场后，应按规定抽样检验，其性能指标应符合要求。

(4)地下穿墙管道应预留孔洞。

2. 基层要求

(1)坚固：防水基层如果用水泥砂浆做找平层时，砂浆配合比不低于 1∶3；水泥强度等级不低于 M32.5；水泥砂浆稠度应控制在 7～8mm。如果基层不做找平层，卷材防水层可直接铺贴在混凝土表面，应检查混凝土表面是否有蜂窝、麻面、孔洞，如有以上情况，应用掺有 107 胶的水泥砂浆修补。

(2)平整：不得有突出的夹角或凹坑，用 2m 的直尺检查，直尺与基层之间的空隙不能超过 5mm，且每米长度内只能有 1 处，空隙允许平缓变化。

(3)干燥：要求基层含水率不大于 9%。作为地下工程，要使基层干燥是比较困难的，但也要创造条件，尽量使基层干燥，才能铺贴防水卷材。如果有局部渗漏，可以用速凝堵漏剂堵住渗漏部位。如果是局部慢渗水，使施工无法进行，可以用有机化学浆材和无机防水材料配制成复合胶泥敷贴在慢渗水部位。

模块二　涂膜防水法

一、地下室涂膜防水构造

地下室涂膜防水以外防水应用较多，具体的构造见图7—2。

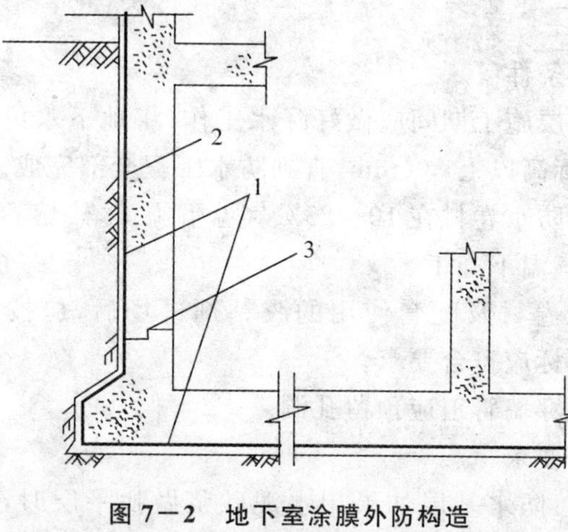

图7—2　地下室涂膜外防构造

1.防水涂层；2.砂浆或砖保护层；3.施工缝

二、涂料品种

目前适合地下工程应用的防水涂料有聚氨酯防水涂料、硅橡胶防水涂料、水乳型氯丁橡胶沥青防水涂料、SBS橡胶改性沥青防水涂料等。这些防水涂料大大提高了涂膜的弹性、耐久性、相对潮湿基层的粘结性，由于大部分是冷施工，改善了工人的劳动条件。由于涂膜防水层无接缝，故适宜在复杂形状的基层上施工。

三、施工要点

1. 细部构造做法

在阴阳角、穿墙管道、预埋件、变形缝等容易产生渗漏的部位，应附加防水层加固，按“一布二涂”或“二布三涂”的做法进行施工。其中，使用胎体增强材料应优先选用聚酯无纺布。

2. 防水层厚度

保证涂膜防水的厚度是地下防水工程质量的前提，无论采用哪种防水涂料，都要采用“分层薄涂”的施工方法，每道涂层必须实干后，才能进行下一涂层的涂刷，并随时进行质量检查。防水层的厚度可以用每平方米材料的用量来控制。

3. 成品保护

地下防水工程工序多，作业条件苛刻，工期要求紧，人员穿插频繁，因此，做好成品保护工作十分重要，也十分困难，但必须要做。除加强施工管理以外，应采取以下技术措施：

(1)底板：地下室底板较厚，绑扎钢筋与浇注混凝土时容易损坏涂膜防水层，这时采取的技术措施是：防水层施工后，先铺贴一层油毡隔离层，再做 40mm 厚 C20 细石混凝土保护层，隔离层用的油毡应采用改性沥青铺贴在涂膜防水层上，粘贴的面积约为 30%。

(2)侧墙：如果采用外防外涂法，在涂膜防水完成并实干后，用柔性保护材料粘贴在防水层上，粘贴面积约 30%，然后分层回填土。回填土时，靠近防水层部位不能过分夯实。如果采用外防内涂法，在涂膜防水层上花贴一层油毡隔离层，可把它作为侧墙的内模板，浇注混凝土时，注意不要损坏原有防水层。

(3)内防水保护层：如果地下防水必须采用内防水时，由于涂膜防水层表面较光滑，如果不采取措施，就会影响侧墙水泥砂浆或其他材料与涂膜防水层的粘结，解决这一问题有两个措施：一是在涂刷最后一遍防水涂料时，随刷涂料随铺撒中粗砂. 并将砂子与涂料粘牢；二是在涂刷防水涂料时，随着铺贴一层结合面材料，一般用带孔的黄麻织布或玻纤网格布。

模块三　地下室防渗堵漏

一、混凝土结构在防水施工中常见的质量通病及防治方法

防水混凝土施工中常见的质量通病有混凝土蜂窝、麻面、孔洞的渗漏水；混凝土施工缝渗漏水；混凝土裂缝渗漏水；预埋件及管道穿墙部位渗漏水。

1. 混凝土蜂窝、麻面、孔洞渗漏水的防治方法

(1)预防措施。

严格控制配合比，要求计量准确，搅拌时间充分；

严格控制混凝土拌和物自由倾落高度，防止混凝土离析，预留孔洞处要在两侧同时下料；

浇筑时振捣要充分，不可漏振及过振；

模板拼缝要严密，在浇混凝土时要派专人看管模板，发现异常时须及时排除；

管道密集处等部位，应采用相同抗渗等级的细石混凝土浇筑。

(2)处理方法。

蜂窝、麻面：用水将基层清洗干净，然后用1∶2或1∶2.5水泥砂浆修补。如遇大蜂窝应将松动的石子剔掉，剔面喇叭口且外边大些，然后用水冲洗干净，湿透，再用高一级的细石混凝土捣实，并加强养护；

孔洞：应与有关单位研究制定孔洞补强方案，经批准后再实施。一般是剔除孔洞处不密的混凝土和突出的石子剔成斜形，用清水冲洗基层并保持湿润72h后，再用高一级的细石混凝土浇筑，应采用补偿收缩混凝土，并加强养护。

2. 混凝土施工缝渗漏水的防治方法

(1)预防措施。

施工缝应尽量不留或少留,必须留时应与变形缝统一起来;

施工缝的留设位置及施工方法要按规定要求严格执行;

设计钢筋布置与墙体厚度时,应考虑施工的方便。

(2)处理方法。

根据施工缝渗漏情况和水压大小,采取注浆、嵌填密封材料及设置排水暗槽等方法处理,表面增设水泥砂浆、涂料防水层等加强措施;

对于渗漏的施工缝,也可沿缝剔成八字凹槽,刷洗干净后,用水泥素浆打底,抹 1∶2.5 水泥砂浆找平压实。

3. 混凝土裂缝渗漏水防治方法

(1)预防措施。

按工程功能及使用要求进行配合比选择,严格控制水泥品种及用量、砂石级配比及含泥量,严格控制水灰比;

控制混凝土的入模温度,分层浇筑,采取挡风或遮阳措施;

加强机械振捣,要充分、密实、不得漏振;

加强混凝土覆盖,保湿、保温,严格进行浇水养护。

(2)处理方法。

分析裂缝的性质,会同有关部门共同处理;

塑性裂缝可用水泥砂浆薄抹处理。干缩裂缝的处理方法与塑性裂缝相同。温度裂缝,当缝宽大于 0.1mm 时,根据可灌程度,采用水泥灌浆或化学灌浆方法,或者灌浆与缝表面封闭同时采用,当缝宽小于 0.1mm 时,可只作表面处理或不处理。

4. 预埋件部位渗漏水的防治方法

(1)预防措施。

施工中预埋件必须固定牢固,要加强预埋件周围混凝土的振捣,避免碰撞预埋件;

设计时合理布置预埋件,以方便施工和利于保证预埋件周围混凝土的浇筑质量。必要时预埋件部位的断面应适当加厚；

加强预埋件表面的除锈处理；

地下防水混凝土结构中，电源线路以明线为宜，不用暗线或少用暗线，以减少结构渗漏水通道。如必须采用暗线时，必须保证接头严密。穿线管必须采用无缝线管，确保管内不进水；

对完工后使用中有振动的预埋件，应事先制作混凝土预制块并做好防水抹面处理，然后将其定位于固定位置，再与混凝土浇筑成整体。

(2)处理方法。

对预埋件周边的渗漏，应先将周边剔成环形沟槽，用快速堵漏材料止水后，再采用嵌填密封材料、涂抹防水涂料、水泥砂浆等措施，按裂缝直接堵塞方法处理；

对于因受振动而致使预埋件周边出现的渗漏，处理时需将预埋件拆除，制成预制块(其表面抹好防水层)，并剔錾出凹槽，内嵌入水泥：砂＝1：1和水：促凝剂＝1：1的快凝砂浆，再迅速将预制块填入。待快凝砂浆具有一定强度后，周边用胶浆堵塞，并用素灰嵌实，然后分层抹防水层补平。

5. 管道穿墙（地）部位渗漏水的防治方法

(1)预防方法。

对处于地下水位以下的管道和电缆穿墙部位，防水处理必须严格细致，切实保证施工质量；

在设计上，尽可能将管道埋置深度提高至地下水位以上；

根据不同的使用性能，选择不同的防水处理方案；

对常温穿墙管道，可采用在中间设置止水片的方法，必要时还可以在管道周围墙面剔槽捻灰加固；

对热力的套管，后安装的管道穿过内隔墙的部位，可埋设一个较穿墙管径大100mm的管道与套管间空隙用石棉水泥或麻刀石灰嵌填；

热力管道穿透外墙部位可采用橡胶止水套立法处理；

电缆穿透外墙部位可采用上述方法处理，电缆与套管之间的空隙用石棉热沥青嵌填严实。

(2)处理方法。

常温管道穿墙部位渗漏水的处理可参考预埋件和裂缝渗漏水处理方法；

热力管道穿内墙部位渗漏水时，可将穿管孔眼剔大，采用埋设预制半圆混凝土套管法进行处理；

热力管道穿透外墙部位渗漏水时，修复时需将地下水位降至管道标高以下，用设置橡胶止水套的方法处理。

二、地下卷材防水质量问题与防治方法

卷材防水施工其防水层材料来源方便，它有一定的韧性和可变性，适应地下工程。但在施工中不易保证质量，特别是一旦出现水渗漏，难以检查，修补也比较麻烦。经常出现的质量问题有空鼓、搭接不良、转角部位渗漏、管道处渗漏和变形缝渗漏等。

1. 空鼓

(1)空鼓的原因。

基层潮湿，卷材与基层粘贴不良；找平层被水泥沾污，卷材与基层粘贴不良；立墙面的铺贴不易操作，容易造成粘贴不严实。

(2)预防措施。

降低地下水位，防止由于毛细水上升造成基层潮湿；

铺贴前后应保持基层和涂刷过冷底子油的面层洁净干燥，以保证卷材与基层黏结；

卷材应铺严，严禁出现张口、翘边等现象；

冬季施工时，卷材施工处应有保温防寒措施，以确保粘贴质量。雨季应有防雨措施，或避开雨天施工。

(3)维修方法。

检查时可用8号铅丝或木条轻轻敲击表面，若声音清脆，表示卷材粘贴密实；若发生咚咚混浊之声，表示卷材粘贴不密实。若听

声音可疑而难以判断时，还可用手按摸，如有坚硬实在感，则说明卷材粘贴紧密；若有柔软空虚感，则说明粘贴不实。发现不合格处，要用粉笔作出标记，然后剪开重新补贴。补贴卷材与原卷材搭接宽度至少为100mm。

2. 卷材搭接不良

(1)原因。

在外防外贴法施工中，往往因接槎保护不好，造成接槎不良；排降水措施不力，水位回升，浸泡、沾污接槎；在拆除临时保护墙时，污染接槎。

(2)预防措施。

从混凝土底板下甩出的接槎卷材，直接刷油铺贴在永久性保护墙上，超出永久性保护墙的卷材不刷油，而是用另一块卷材包裹好接槎的卷材，用钉子钉在木砖上，待需铺贴接槎时，将包裹卷材的卷材撕去，而被包裹的接槎却无污损。

3. 卷材转角处渗漏

(1)原因。

转角处在铺贴时，未铺严实，在后浇后砌时，卷材未加保护而遭到损坏；转角处未按有关规定增铺附加层。

(2)预防措施。

转角处应在抹灰时做半圆角或钝角；

转角处应选择强度高、伸长率大的、韧性好的无胎毡或沥青玻璃丝油毡；

控制玛蹄的熬制和使用温度，涂刷厚度一致，按要求铺贴附加层，而且要铺贴严实。

(3)维修方法。

当转角处出现粘贴不牢、不实等现象时，应将该处卷材撕开，灌入沥青胶，用喷灯烘烤后，逐层修补好。

4. 管道处渗漏

(1)原因。

对管道本身未认真除锈和清理，卷材与管道粘贴不良；穿墙管处周边呈死角，使卷材不易铺贴严实。

(2)预防措施。

管道应认真清除和清理干净；

在穿过砖石结构处，管径周围应包以细石混凝土，其厚度不小于 300mm。并且在墙与管相接处抹成直径不小于 50mm 的半圆角，卷材应按转角要求铺贴；

在穿墙管处埋设带法兰盘的套管，应将卷材粘贴在法兰盘上，其宽度不小于 100mm，并用夹板夹紧卷材。法兰盘及夹板在除锈并清理干净后刷一道热沥青，夹紧卷材的压紧板或夹板正面应用软金属片、石棉纸板、再生胶油毡或沥青玻璃布油毡衬垫。

5. 变形缝渗漏水

变形缝是地下防水的重要部位，常用埋入式橡胶(或塑料)止水带的做法。

(1)原因。

止水带未采用固定措施或固定方法，埋设位置不准确或浇筑混凝土时挤偏；止水带两翼的混凝土包裹不严，振捣不实，特别是底板部位的止水带下面，混凝土振捣不严，留有空隙；钢筋过密，浇筑混凝土不当等造成止水带周围粗骨料集中；施工人员对止水带作用不甚了解，操作马虎，甚至任意将止水带破坏，以及混凝土分层浇筑前遗留在止水带周围的木屑、灰垢等杂物未清除干净等原因造成变形缝渗漏。

(2)预防措施。

止水带埋设前要仔细检查，发现有破损等现象时必须修补完好；

止水带应按有关规定方法固定，确保其埋设位置准确。严禁在止水带的中心圆环处穿孔；

埋设底板止水带时，要把止水带下部的混凝土振实，然后将铺设的止水带由中部向两侧挤压按实，再浇筑上部混凝土。墙体内的止水带周围应防止粗骨料集中。如钢筋过密,可适当调整粗骨料粒径或采取其他技术措施。

(3)维护方法。

若在使用时变形缝出现渗漏水,应先进行堵漏,然后在表面粘贴或涂刷氯丁胶片,作为第二道防线。

三、地下工程墙面大面积渗漏治理

1. 原因分析

地下完工后,在墙面上出现大面积渗漏,如地下室墙为砖砌体时,渗漏更为严重,其原因如下:

(1)混凝土或砖砌衬体施工质量不好,内部不密实,有微小孔隙,形成很多渗水通道,地下水在压力作用下进入这些孔道,造成墙体大面积渗漏。

(2)地下室未做防水处理,或虽做了防水处理,但质量低劣。

(3)地下水位发生变化,压力增大。

2. 治理方法

处理地下室大面积渗漏时,宜先将地下水位降低,尽量在无水状况下进行操作,并根据渗漏水情况进行处理。常用的处理方法有促凝灰浆堵漏和无机高效防水粉堵漏。

(1)促凝灰浆堵漏。

促凝灰浆主要是在水泥浆或水泥砂浆中加入适量的促凝剂配制而成。加入促凝剂的作用是为了加快灰浆的凝结速度,使渗漏水尽快堵住。促凝灰浆堵漏适用于地下工程、水池、基础坑道等的孔洞修补以及大面积渗漏水的修补。

促凝剂有水玻璃促凝剂、氯化物金属盐类防水剂等。水玻璃促凝剂配合比为:硫酸铜:重铬酸钾:硅酸钾:水=1:1:400:60(质量比)。氯化物金属盐类防水剂配合比是:氯化钙:氯化铝:水=0.31:0.049:0.641(质量比)。

促凝灰浆种类有快凝水泥胶浆、快凝水泥砂浆等。快凝水泥胶浆是用水泥和促凝剂直接拌和而成，配合比为水泥：促凝剂＝1：0.5～0.6（质量比）。快凝水泥砂浆配制方法是：先将水泥：砂子＝1：1的比例干拌均匀，用促凝剂：水＝1：1的比例制成混合液；再按水：灰为1：0.45～0.50的比例将混合液倒入干拌的灰中，搅拌均匀而成。

促凝灰浆堵漏方法有直接堵塞法、下管堵漏法、木楔堵漏法和下线堵漏法等。

（2）无机高效防水粉堵漏。

无机高效防水粉可在潮湿的基层上带水堵漏，能迅速止水止漏，而且粘结力强。无机高效防水粉产品品种较多，主要有堵漏灵、确保时、防水宝、堵漏停等。

如大面积渗水的地下工程中，为达到快速止漏的效果，可采用防水宝进行堵漏处理。堵漏方法是用防水宝加水处理后，刷涂在渗漏的墙面上或堵塞孔洞、裂缝，便可很快凝固堵漏。操作方法是：Ⅰ型防水宝配合比先按防水宝：石英粉：水泥＝1～1.5：2：8（质量比）的比例干拌均匀，再按混合干料：水＝1：3～10的比例拌和成糊状，静置30min待用。Ⅱ型防水宝配合比按Ⅱ型防水宝：水＝10：2～5（质量比）的比例拌和，加水后充分搅拌10min，再静置10～25min待用。拌好的浆料Ⅰ型应在2h内用完，Ⅱ型应在1h内用完。用防水宝堵漏涂刷一遍。刷第一遍时按顺序涂刷，不得漏刷。第一遍刷完表面收水后，再刷第二遍，各涂层应喷水养护。渗漏严重时，应将孔洞或裂缝适当凿大，用水将残渣和浮灰清洗干净后，然后用手工揉成的较干料团堵塞，必要时可进行引流。

四、地下工程墙面潮湿治理

1. 原因分析

地下室墙面潮湿，一般多出现在砖砌体水泥砂浆刚性防水层的墙面上，先是在墙面上出现一块块潮湿痕迹，在通风不良、水分蒸发缓慢的情况下，潮湿面积逐渐扩大，或形成渗漏，其原因如下：

(1)施工操作不认真,没有严格按照防水层的要求进行操作,忽视防水层的整体连续性。

(2)刚性防水层厚薄不均匀,抹压不密实或漏抹。

(3)砖砌体密实性不好,砌筑质量差,灰浆不饱满。

(4)抹刚性防水层的防水剂质量不合格,防水性能不好。

(5)刚性防水层抹完后未充分养护,砂浆早期脱水,水分过早蒸发,使防水层中形成微小毛细孔。

2. 治理方法

(1)环氧立得粉处理法。

用等量乙二胺和丙酮反应,制成丙酮亚胺,加入环氧树脂和二丁脂混合液中,环氧树脂的掺量为 16% ,并加入一定量的立得粉,制得环氧立得粉,并将其涂刷在清净、干燥的墙上。如果墙面有碱性物质,应先用含酸水洗刷,然后用清水冲洗干净。一般涂刷两次,厚度为 0.3～0.5mm。

(2)氰凝剂处理法。

配比为预聚体氨基甲酸 49%、催化剂三乙醇胺 1%、稀释剂丙酮 10%、填料水泥 40%。操作方法是先将预聚体倒入容器中,再用丙酮稀释,加入三乙醇胺,调成氰凝浆液,最后加入水泥,搅拌均匀后即可涂刷。如果涂刷后仍有微渗,可再涂刷一次,涂刷后撒一层干水泥面压光。

(3)“防水宝“处理法。

可用型“防水宝”掺入各种颜料调成需要的颜色,涂抹在潮湿的墙面上,不仅防止渗漏,而且可兼做室内装饰。

第八单元　构筑物防水施工

作为以蓄水功能为主的构筑物，如水塔水箱（指水塔上的水箱）、水池、管道等均属于常见的需要防水或止水的构筑物。为确保此部分的防水质量，避免渗漏发生，通常采用多道设防，目的在于“双防双保险”。一般采用结构自防水混凝土和附加防水层相结合的方法，或采用如聚氨酯涂膜与三元乙丙橡胶卷材复合防水层。

模块一　水塔水箱防水

钢筋混凝土水塔水箱箱体一般采用的防水方式为防水混凝土本体防水，再在箱体内壁上做刚性防水、涂膜防水、卷材防水。无论采用何种方式，不得有任何有毒、有害物质溶入水中。水质经检测应符合有关标准的规定，不得随意使用防水材料。

一、水箱防水混凝土施工要点

（1）控制混凝土坍落度：箱壁混凝土坍落度宜为 8～11cm，水箱底板的混凝土坍落度宜为 8～10cm。

（2）防水混凝土的配合比设计应通过试验确定，抗渗等级应比设计要求提高 0.2MP，再按理论配合比考虑现场砂、石含水率，确定施工配合比。

（3）防水混凝土配料必须按质量配合比准确称量。计量允许偏差不应大于下列规定：

①水泥、水、外加剂、掺合料为±1％。

②砂、石为±2％。

（4）防水混凝土必须用机械搅拌，搅拌时间不少于 2min；采用加气剂时，要求搅拌时间 2～3min；掺外加剂时，应根据外加剂的要求确定搅拌时间。

(5)箱底混凝土施工应连续进行，特别不能在管道穿越箱底处停工或接头；水箱壁混凝土要求连续浇筑，不留施工缝。要求混凝土下料均匀，尽量从箱壁的两个对称点同时下料，以防模板变形。

(6)水箱壁混凝土的分层浇筑高度不超过 300～400mm。

(7)在管道穿过箱壁或箱底处，可采用防水套管、管道直埋、预留孔洞后装管等方法，如图 8－1 所示。

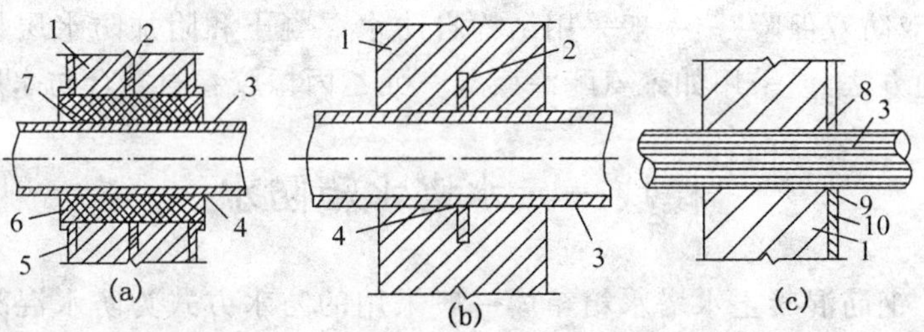

图 8－1　管道穿越水箱壁、箱底的常用方法

(a)防水套管法　(b)管道直埋法　(c)预留孔洞后装管法

1. 箱壁；2. 止水环；3. 管道；4. 焊缝；5. 套管；6. 钢板

7. 填料；8. 水泥砂浆；9. 水泥浆；10. 水泥砂浆防水层

(8)管道穿过水箱壁处混凝土的浇筑方法(见图 8－2)

①混凝土浇筑到管道以下 20～30mm 处，将管下混凝土捣实、振平。

②由管道两侧呈三角形均匀、对称地浇筑混凝土，逐步扩大三角形，并将振捣棒倾斜。

③将混凝土继续填平至管道上面 30～50mm。

(9)对混凝土及时进行洒水湿润，养护期不少于 14d。

(10)水塔施工高空作业，操作人员要遵守高空作业安全技术规范。

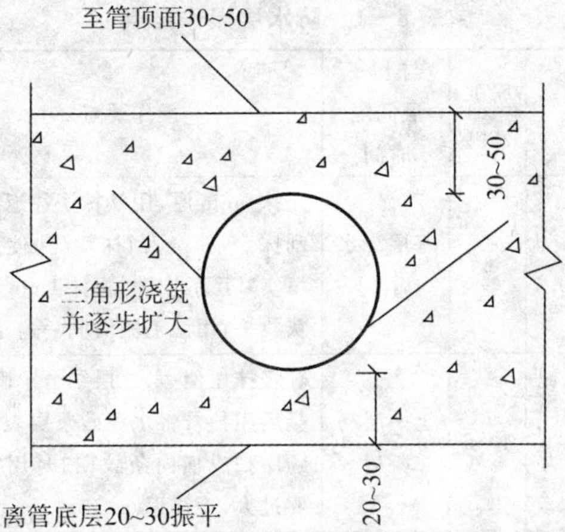

图 8－2　管道穿壁处的混凝土浇筑(mm)

二、水箱刚性多层做法防水

水箱刚性多层防水应采用五层做法,其基层以外的构造层次为:素灰层→水泥砂浆层→素灰层→水泥砂浆层→素灰层。

1. 施工准备

(1)材料:425 号以上的水泥,粗砂及纯净水。

(2)机具、工具:砂浆搅拌机、铁锤、剁斧、钢丝刷、扫帚、马连根刷、水桶、铁锹、筛子、胶皮手套及一般抹灰工具。

(3)施工条件:水箱混凝土结构经验收合格;基层表面无明水;施工温度在 5℃以上。

2. 施工工艺

基层处理抹第一层素灰→抹第二层水泥砂浆→抹第三层素灰→抹第四层水泥砂浆→抹第五层素灰→养护→蓄水试验→检查验收。

3. 操作要点

首先清理基层,凿毛光滑的基层面;穿墙管根部剔成凹槽并密封;在处理好的基层上做防水层,防水层操作要点见表 8－1。

表 8－1　防水层操作要点

抹灰层次	材料	厚度(mm)	与上一层间隔时间	操作要点	备注
第一层	素灰水灰比 0.37～0.4	2	基层浇水后 1d	先抹 1mm 厚，用铁抹子往返用力刮抹 5～6 遍，刮抹均匀，使素灰填实基层的空隙，再抹 1mm 的素灰找平；用湿毛刷清刷一遍	阴阳角要抹成圆弧型 施工缝接槎为斜坡阶梯形，每层接槎应错开，见图 8－3
第二层	1∶2 水泥砂浆 水灰比为 0.4～0.5	4～6	上一层初凝后	轻轻抹压使一、二层结合牢固，初凝后用扫帚将水泥砂浆层表面按顺序扫成横向条纹，扫时用力不要过大，不往返	
第三层	素灰(同第一层)	2	上层抹完后隔一夜	洒水湿润，按第一层方法涂抹，如发现第二层析出白色薄膜，须清理干净后方可操作	
第四层	1∶2 水泥砂浆(同第二层)	4～6	上一层初凝后	抹法同第二层，抹完后不再表面扫条纹，而是在其凝固前，分两次用铁抹子抹压密实	
第五层	素灰(同第一层)	2	随上层压完即做第五层	用毛刷均匀地将水泥素浆涂刷在第四层表面，随第四层抹光压平	

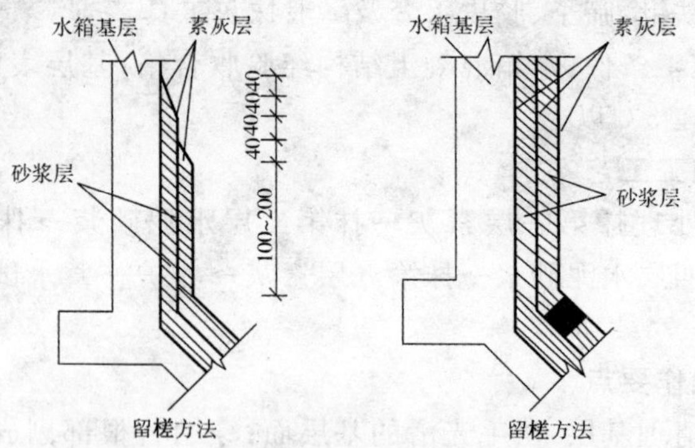

图 8－3　防水层施工缝接槎方法

三、水箱防水砂浆防水

防水砂浆防水层，系在普通砂浆中掺入一定量的防水剂，以提高砂浆的抗渗能力。

1. 材料要求

(1)水泥：标号不低于425号的普通硅酸盐水泥、125号矿渣硅酸盐水泥、石膏矾土膨胀水泥或膨胀性不透水水泥；不同标号、品种的水泥不能混用。

(2)砂：宜采用中砂或粗砂，其粒径不得大于3mm，含泥量不大于3%。

(3)水：不含有糖、油等杂质的无侵蚀性的洁净水。

(4)防水剂：由化学原料配置而成。它是一种能速凝和提高砂浆、混凝土在静水压力作用下的不透水性的外加剂。常用的防水剂包括：氯化物金属盐类防水剂、金属皂类防水剂、氧化铁防水剂、水玻璃矾类防水促凝剂 、无机铝盐防水剂和WH防水剂。

用作水箱防水砂浆，通常采用无机铝盐防水剂。因此，本章仅介绍掺入无机铝盐的防水砂浆施工内容。

2. 施工条件

施工工具同刚性多层做法防水。

3. 施工工艺

基层处理→抹第一遍防水砂浆→养护→刮防水素浆→抹第二遍防水砂浆、压光→养护→蓄水试验→检查验收。

4. 操作要点

(1)基层处理同刚性多层防水做法。

(2) 抹第一遍防水砂浆：用425号或525号普通硅酸盐水泥配置1∶3水泥砂浆，加入水泥用量13%的无机铝盐防水剂，充分搅拌均匀后随即使用。抹灰厚度10mm，用力抹压使与基层结成一体，凝固前用木抹子抹平。拌好的砂浆要在1h内用完。

(3)自然养护2～4h。

(4)刮无机铝盐素水泥浆:用425号或525号普通硅酸盐水泥加入水泥用量10%的无机铝盐防水剂,加入水调成糊状素水泥浆,用刮板在砂浆表面满刮一层,不漏刮。

(5)抹第二遍防水砂浆:刮完素水泥浆30min左右,即可抹第二遍防水砂浆。将1∶2.5水泥砂浆中加入水泥用量13%的无机铝盐防水剂,搅拌均匀,即可使用。抹灰厚度为8~10mm,凝固前用铁抹子压实压光。

(6)自然养护4~6h后,用湿草袋或湿麻袋覆盖表面,再淋水养护3d。

(7)蓄水试验:封闭管道孔,分3~5次进水,控制每次进水高度。从四周上下进行检查,做好记录,如无渗漏,可继续灌水至贮水设计标高。停1d,进行外观检查,并做好水面高度标记,连续观察7d,外表面无渗漏及水位无明显下降为合格。

模块二　水池防水施工

对于平面尺寸较小的水池可采用刚性防水;对于贮量较大的水池,由于其结构易产生变形开裂,一般选用延伸性较好的防水卷材或防水涂料。本书仅介绍水池卷材防水和水池涂膜防水。

生活用水的水池和游泳池的防水层,必须选用无毒无害的材料,避免污染水质,如三元乙丙一丁基橡胶卷材、氯化聚乙烯一橡胶共混防水卷材等合成高分子方式卷材、聚氨酯防水涂料、硅橡胶防水涂料等。经常受强烈振动、冲击、磨损的地下水池防水,可采用金属防水层。

一、水池卷材防水

水池卷材防水层的一般构造如图8—4所示。本书以三元乙丙一丁基橡胶卷材防水为例,介绍水池三元乙丙一丁基橡胶卷材施工要点及注意事项。

1. 材料准备

三元乙丙－丁基橡胶卷材、聚氨酯底胶、CX－404 胶粘剂、丁基粘结剂、聚氨酯嵌缝膏、425 号普通硅酸盐水泥、108 胶、二甲苯、乙酸乙酯。

2. 施工机具

手提式电动搅拌机、高压吹风机、平铲、钢丝刷、扫帚、铁桶、色粉袋、弹线、剪刀、滚刷、油漆刷、压辊、橡皮刮板、铁抹子、开罐刀、棉纱、皮卷尺、钢卷尺。

3. 施工条件

(1) 水池结构混凝土经检查验收合格。

(2) 结构层表面已干燥，含水率不大于 9%。

(3) 气温不低于 5℃，冬季施工应有保温措施；雨天施工应有防雨设备。

4. 施工工艺

基层处理→涂刷聚氨酯底胶→复杂部位增强处理→铺贴卷材防水层→接头处理→卷材末端收头→保护层施工→蓄水试验→检查验收。

5. 操作要点

(1) 基层处理：铲除基层表面的异物；用高压吹风机吹扫阴阳角、管根、排水口等部位；用溶剂清洗基层表面油污。

(2)涂刷聚氨酯底胶：将聚氨酯涂膜防水材料按甲料：乙料＝1：3 的比例(质量比)配合，搅拌均匀即成底胶。将配好的底胶用毛刷在阴阳角、管根部涂刷，再用长把辊刷进行大面积涂布，厚薄要均匀一致，不得有漏刷露底现象。

(3)复杂部位增强处理：将聚氨酯涂膜防水材料按甲料：乙料＝1：1.5 的比例(质量比)配合，搅拌均匀，用毛刷为宜，经阴阳角、管根部、突出部位等均匀涂刷，涂刷厚度 2mm 为宜，经 24h(固化后)即可进行下道工序。复杂部位增强处理可采用密封胶片或卷材作为补强层的做法，如图 8－4 所示。

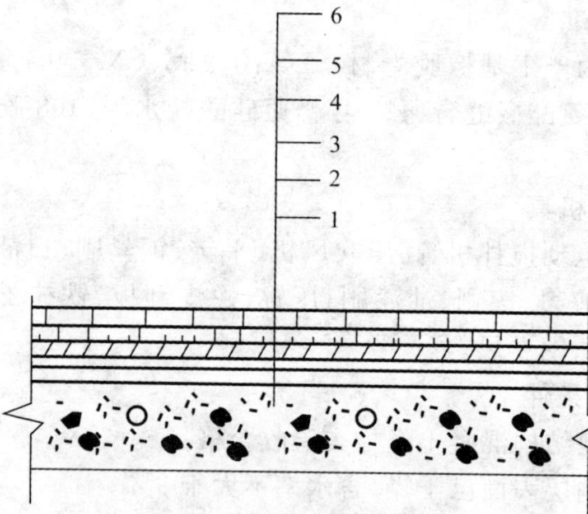

图 8—4　水池卷材防水层构造

1. 基层；2. 基层处理剂(底胶)；3. 基层胶粘剂

4. 防水卷材；5. 刚性结合层；6. 刚性保护层

(4)铺贴卷材。

①确定卷材配置方案：按先立面后平面，转角及立面按自下而上的次序配置卷材，在铺贴面上弹出标准线。

②在卷材上涂胶粘剂：将卷材平摊在干净、平整的基层上，用长把辊刷蘸满胶粘剂，均匀涂布在卷材表面。但卷材搭接缝部位宽 100mm 内不涂胶；涂布厚薄均匀，不得漏涂。当胶膜干燥不粘手时，将卷材用纸筒卷好，注意不得带入砂粒、灰尘等异物。

③在基层上涂胶粘剂：用长把辊刷蘸满胶粘剂，均匀涂布在基层处理剂已干燥的基层表面上。不要在一处反复涂刷，以免将底胶"咬"起，涂胶后手感不粘时，即可铺卷材。

④铺贴卷材：将已涂布胶粘剂的卷材筒用 Ø30mm×1500mm 的铁管穿上抬起，将卷材一端粘贴固定在预定的位置上，沿弹出的标准线铺展，操作时卷材不要拉得过紧，每隔 1m 左右向标准线靠贴一下，边对线边铺贴。

⑤排除空气：每铺完一张卷材，立即用干净而松软的长把辊刷从

卷材一端开始朝卷材的横方向顺序用力滚压一遍，将空气彻底排出。

⑥滚压：排出空气后，平面部位用外包橡胶的长 300mm、质量 30～40kg 的铁辊滚压一遍，立面部位用手持压辊滚压粘牢。

⑦接头处理：将接头处翻开，每隔 500～1000mm 用 CX－404 胶临时固定，大面积卷材铺好后即粘接接头。将丁基粘结剂 A∶B 以 1∶1(质量比)的比例配合搅拌均匀，用毛刷均匀涂刷接头的表面，干燥 10～30min，从一端开始边压合边挤出空气，粘贴好的接头不允许有皱褶、气泡等缺陷，然后用铁辊滚压一遍，卷材重叠三层的部位，用聚氨酯嵌缝膏密封。

⑧卷材末端收头：卷材收头用聚氨酯嵌缝膏等密封材料密闭，当密封材料固化后，在收头处刷聚氨酯涂膜防水材料一层，当其尚未固化时，用聚合物砂浆(水泥∶砂子∶108 胶＝1∶3∶0.15)压缝将接头封闭。

(5)蓄水试验：卷材防水层完工后，做蓄水试验。无渗漏为合格。

(6)保护层施工：蓄水试验合格后，放水干燥，在防水层上薄刷一层聚氨酯涂膜防水材料，随刷随撒细砂。待该层涂料固化成膜后，在其上做刚性保护层。随即用湿草袋或湿麻袋覆盖，然后浇水，使覆盖物保持湿润。

水池卷材防水构造做法如图 8－5 所示。

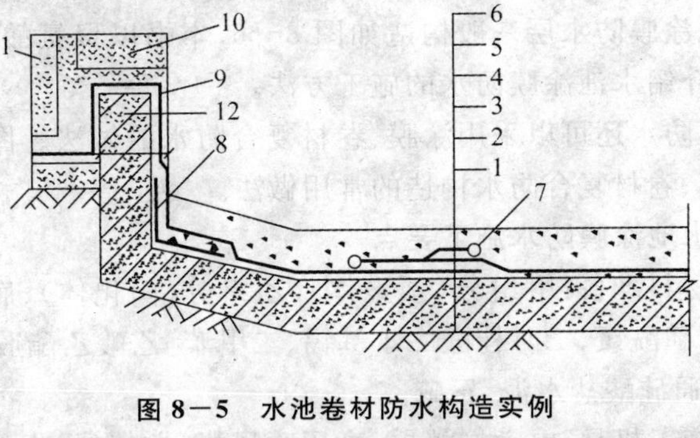

图 8－5　水池卷材防水构造实例

1.素土夯实；2.水池底板；3.基层处理剂(聚氨酯底胶)及胶粘剂；4.卷材防水层搭接缝；5.卷材附加层；6.细石混凝土保护层；7.嵌缝密封膏；8.卷材附加补强层；9.水泥砂浆粘结层；10.剁斧花岗岩块；11.混凝土压块；12.钢筋混凝土池壁

二、水池涂膜防水

1. 水池涂膜防水构造

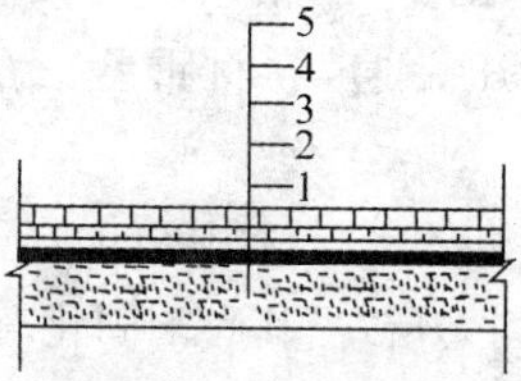

图 8—6　水池涂膜防水构造

1.基层；2.基层处理剂(聚氨酯底胶)；3.第一道涂膜防水层(聚氨酯涂膜防水材料)；4.第二道涂膜防水层(聚氨酯涂膜防水材料)，固化前稀撒石碴；5.保护层

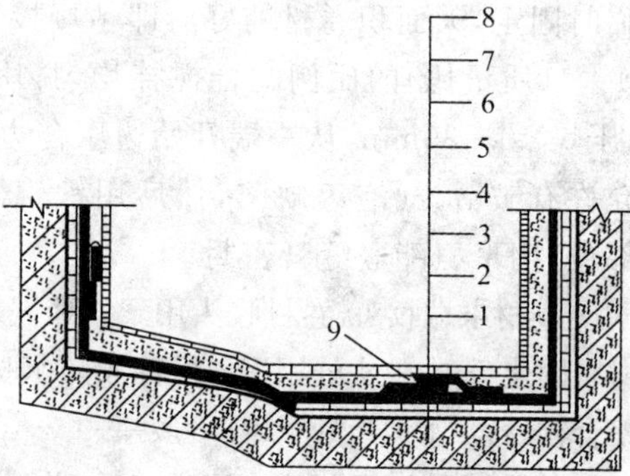

图 8—7　水池涂膜、卷材复合防水构造实例

1.基层；2.基层处理剂；3.涂膜防水层；4.胶粘剂；5.卷材防水层；6.卷材附加补强层；7.刚性结合层；8.瓷砖饰面层；9.嵌缝密封膏

水池涂膜防水层一般构造如图 8—6，本书以聚氨酸涂膜防水层为例，介绍水池涂膜防水的施工方法。

水池防水还可以采用涂膜、卷材复合防水的做法。图 8—7 系水池涂膜、卷材复合防水构造的常用做法。

2. 水池涂膜防水施工要点

(1)材料准备：甲组分(预聚体)、乙组分(固化体)、底涂乙料、磷酸或苯磺酰氯、二月桂酸二丁基锡、二甲苯、乙酸乙酯胶、108 胶、425 号普通硅酸盐水泥、石碴。

(2)施工机具：电动搅拌器、高压吹风机、搅拌桶、小型油漆桶、磅秤、塑料或橡皮刮板、铁皮小刮板、油漆刷、小抹子、圆辊刷、扫帚、墩布等。

(3)施工条件：

水池结构混凝土经检查验收合格；

穿墙管道底部高出基层表面 20mm 以上，管件、地漏或排水口已安装牢固，接缝严密，收头圆滑、无松动，阴阳角部位已做成圆角；

气温不低于 5℃。

(4)施工工艺顺序：基层处理→涂刷底胶→增强涂抹→涂布第一道涂膜防水层→涂布第二道涂膜防水层→稀撒石碴或中砂→蓄水试验→抹水泥砂浆保护层→养护→检查验收。

(5) 操作要点：

①基层处理

清理基层表面及管道根部等部位的异物，对于基层凹凸不平处用水泥砂浆补平。

②涂膜施工

配制底胶：将聚氨酯甲料与专供底涂使用的乙料按 1：3～4(质量比)的比例配合搅拌均匀，即可使用；

涂布：先用油漆刷蘸底胶在阴阳角、管道根部等复杂部位均匀涂刷一遍，再用长把辊刷或橡皮刮板进行大面积涂布。一般涂布量为 0.15～0.2kg/m^2。底胶涂布固化后，才能进行下一道工序施工；

增强涂布：将无纺布裁成与管根、地漏、排水口、阴阳角等形状相同、周围加宽 200mm 的布，在管根等细部做一布二涂附加防水层。注意不得有气孔、鼓泡、皱褶、翘边等现象；

涂布第一道涂膜：底膜固化后，按甲料：乙料＝1：1.5(质量比)的比例配合搅拌均匀，用橡皮或塑料刮板均匀涂刮，厚度约为 1.5mm(即 1.5kg/m^2)。涂布时先立面后平面、先阴阳角后大面积，涂刷可分区分片用后退法施工。防水层未固化前不能踏踩；

涂布第二道涂膜：第一道涂膜固化后(一般 24～72h)即在其上涂刮第二道涂膜，方法与第一道相同，但涂刮方向与第一道的方向垂直；

稀撒石碴:第二道涂膜固化前,在其上稀撒粒径为 2mm 的石碴,用以增强涂膜与保护层的粘结力。

第二道涂膜固化后,做蓄水试验,不渗漏为合格。合格后在防水层表面抹水泥砂浆保护层或根据需要贴缸砖等。水泥砂浆保护层应加强浇水养护。

3. 水池涂膜防水施工注意事项

(1)水池、水箱的自然通风条件差,要注意通风,涂膜施工时操作人员每隔 1～2h 到通风地点休息 10～15min。

(2)清理的杂物不得从水箱、水池顶部扔出,以免砸伤他人。

三、水池金属防水层施工

水池金属防水层是用薄金属板围成四周焊接及底部封闭的防水箱套,其紧贴于水池结构的表面,起到防水作用。

1. 金属防水层构造

金属防水层有内防和外防两种。内防设在水池的内部,因其构造简单、容易维修、省材料,工程上应用较多。

承受水压的金属防水板厚度及固定金属板的锚固件的数量和截面,当设计无特殊要求时,施工时可根据静水压力,按下式计算确定:

$$n = 4KP/(\pi D^2 R_g)$$

式中:n=每平方米防水金属板锚固件的个数;

P=金属板防水层所承受的静水压力(kN/m^2);

K=荷载分项系数,对于水压力取 K=1.1;

D=锚固钢筋的直径(m);

Rg=锚固钢筋的强度设计值(kN/m^2)。

防水钢板的厚度,根据等强原则,按下式计算:

$$\delta_n = 0.25DR_g/R_{cp}$$

式中:δ_n =防水钢板厚度(m);

R_{cp} =防水钢板承受剪力时的强度,用 Q235 钢时,可取 $100N/mm^2$。

钢板一般采用厚3～8mm，材质为Q235或16Mn钢板，连接均采用焊接，焊条的规格及性能应满足焊接质量的要求。

(1)先装法施工。

适用于构筑物尺寸不大，内部形状较为简单的金属防水层。施工时先焊成整体箱套。当采用厚4mm以下的钢板拼装时，一般可采用搭接焊；当用4mm及4mm以上厚度的钢板时，应采用对接焊，垂直接缝应互相错开。在外模板及结构底板施工完后，用起重设备将箱套整体吊入基坑内预设的混凝土支墩（或钢支架）上准确就位，并作为水池结构的内模使用。依次浇筑混凝土，使其成为整体。在吊装或浇注混凝土时，需用临时支架在箱套内侧进行加固，并支撑牢固，以防箱体变形。钢板应与水池结构的钢筋焊牢或在钢板上焊以一定数量的锚固件，以便与混凝土连接牢固，如图8－8所示。箱套在安装前，应用探伤仪、气泡法、真空法或煤油渗透法等检查焊缝的严密性，如发现焊缝不合格或有渗透现象，应予修整或补焊。为便于浇筑混凝土，在底板上可开适当孔洞，待混凝土达到设计强度值70％后，用比孔稍大的钢板将孔洞补焊严密。

(2)后装法施工。

适用于结构尺寸较大、形状复杂的金属板防水层。根据钢板尺寸及结构造型，在水池结构的四壁和底板设置预埋件，并与钢筋或钢固定架焊牢，保证位置正确，待混凝土达到设计强度后，再在埋件处焊金属防水层，如图8－9所示。焊接时要注意做到焊缝饱满，无气孔、夹渣、咬肉，同时应采取间断焊，减少焊缝产生的焊接应力和变形。焊缝经检查合格后，金属防水层与水池结构间的空隙用水泥砂浆灌严。

金属防水层施工完后，外露表面应涂两道防腐底漆和面漆保护，或铺设预制罩面板防护。

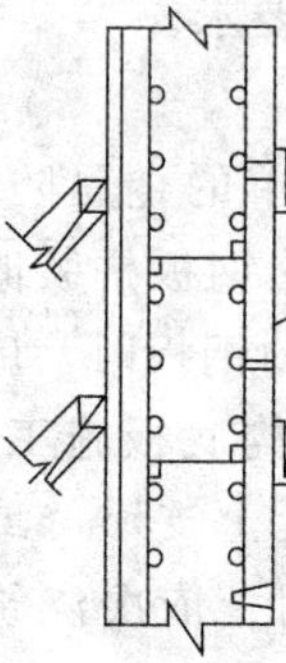

图 8－8　先装施工法

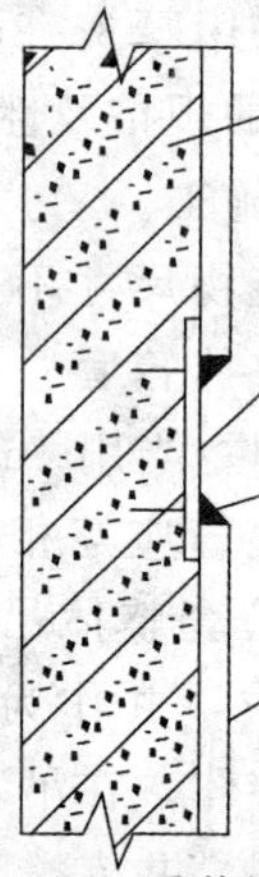

图 8－9　后装施工法

模块三　管道接口

对非金属管道，如钢筋混凝土管、混凝土管、石棉水泥管、陶管类的接口方式包括：抹带接口、承插接口、套环接口等三种方式，常用构造做法如图 8－10、图 8－11、图 8－12 所示。

一、水泥砂浆抹带接口

水泥砂浆抹带接口方式适用于设置在较好土质地基上的管道，施工要点如下：

(1)局部处理：管道直径 $d \leqslant 600$mm 时，刷去抹带部分管口浆皮：$d \geqslant 600$mm 时，将抹带分管口凿毛刷净，并湿润接口部位。

(2)抹压水泥砂浆成半椭圆形，厚砂浆带，带宽 120～300mm，厚 30mm，并赶光压实。

(3)覆盖养护。

二、钢丝网水泥砂浆抹带接口

钢丝网水泥砂浆抹带接口方式适用于设置在土质较好地基上的管道。施工要点如下：

(1)局部处理:凿毛抹带接口、管口。

(2)抹水泥砂浆层,厚 15mm。

(3)放入钢丝网,钢丝网为 10mm×10mm 方格网,两端插入基础混凝土中固定,再抹压厚 10mm 的水泥砂浆。

(4)覆盖养护。

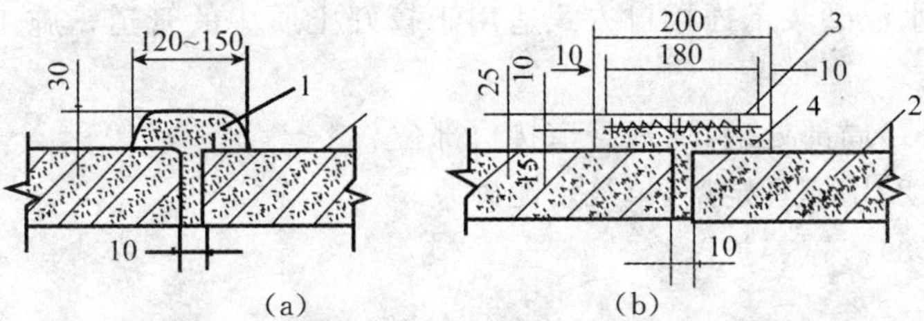

图 8－10　抹带接口

(a)水泥砂浆抹带接口　(b)钢丝网水泥砂浆抹带接口

1. 1∶2 水泥砂浆;2. 管壁;3. 钢丝网;4. 1∶2.5 水泥砂浆

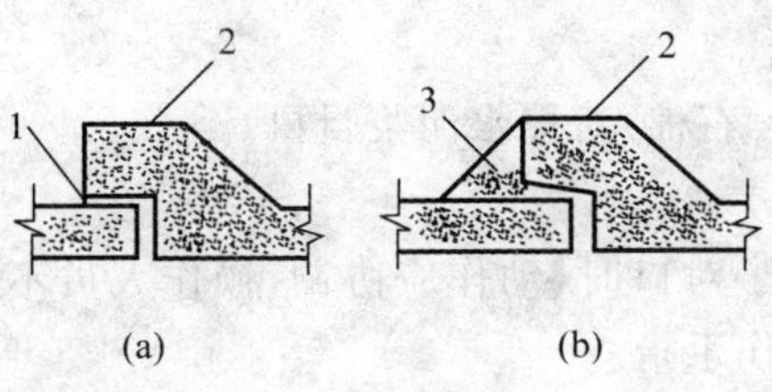

图 8－11　承插接口

(a)沥青油膏承插接口

(b)水泥砂浆插接口

1. 沥青油膏;2. 管壁;3. 1∶2 水泥砂浆

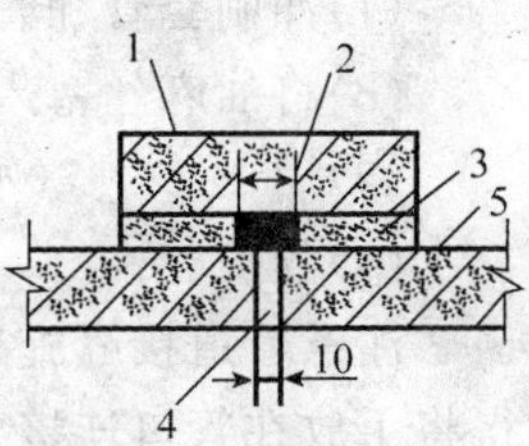

图 8－12　套环接口

1. 套环;2. 油麻;3. 石棉水泥(水∶石棉∶水泥＝1∶3∶7);4. 1∶3 水泥砂浆;5. 管壁

三、沥青油膏承插接口

沥青油膏承插接口方式适用于土质较差、容易产生不均匀沉降的管道,施工要点如下:

(1)局部处理:清理管道接口部位。

(2)将填料用小锤轻轻敲打进入接口间隙环缝,使其密实、饱满、平整,填料凹入承口边缘不大于5mm。

(3)覆盖养护。

四、水泥砂浆承插接口

水泥砂浆承插接口方式适用于较好土质中的管道。施工要点如下:

(1)局部处理:清理管道接口部位。

(2)用模具定型,填筑水泥砂浆。

(3)覆盖养护。

五、套环接口

套环接口方式适用于高压管道。施工要点如下:

(1)冲刷套管和管子的接合面。

(2)将油麻丝塞入套环中心。

(3)用1∶3∶7(水∶水泥∶石棉)石棉水泥浆封口。

(4)养护。

注意管道接缝施工进行管子对口时,动作应协调,操作人员不得将手放在管口连接处以免夹伤手指。

模块四　构筑物防水工程的成品保护

一、水箱防水砂浆工程的成品保护

(1)在抹灰凝结前应防止快干、水冲、撞击和振动,不得碰坏防水层的棱角及面层。

(2)防水层施工后,要防止踩踏,其他工序的介入应在防水层养护完后进行,并不得破坏防水层。

二、水箱防水混凝土结构工程的成品保护

(1)保护钢筋、模板的位置正确，不得踏踩钢筋和避免模板移位。

(2)在拆模或吊运其他构件时，不得碰坏施工缝或损坏止水带。

(3)保护好穿墙管、预埋件，防止振捣时预埋件位移。

三、水池卷材防水工程的成品保护

(1)已铺贴好的卷材防水层，应及时采取保护措施，操作人员不得穿带钉鞋作业。

(2)穿过池面、池壁等处的管道根部不得碰损、变位，以免铺贴卷材后再更换。

(3)防水层施工完成后，应及时做好保护层。

四、水池涂膜防水工程的成品保护

(1)每次涂刷前均应清理周围，防止灰尘污染涂料。

(2)施工中应注意天气变化，如遇基层返潮、气温突然下降，应采取措施或停止施工。

(3)施工中应掌握好作业顺序，减少在已施工的涂层上走动，不得在防水层上堆放物品。

(4)防水涂膜固化后，应及时做好保护层。

五、管道接口工程的成品保护

(1)钢筋混凝土管、混凝土管、石棉水泥管、陶管承受外部压力时容易损坏，因此搬运和安装过程中不能碰撞，不能随意滚动，应轻装轻放。

(2)回填土时，不可将土块直接砸在接口抹带部位。

模块五　构筑物防水质量通病及防治措施

构筑物防水质量通病及防治措施详见表8—2。

表 8—2 构筑物防水质量通病及防治措施

类别	项目弊病	主要原因	防治措施
水塔水箱刚性防水	箱体渗水	1. 材料不合格、配合比不准确 2. 混凝土施工缝处理不当 3. 防水层基层处理不当	1. 施工前检查材料,所有材料应符合国家标准或专门规定、严格控制配合比 2. 浇筑混凝土是,水箱壁不得留施工缝;处理好箱壁与箱底板环梁的施工缝 3. 彻底清理基层,如基层表面光滑,必须凿毛,砂浆层必须压实,并及时养护
	管根渗水	1. 管根混凝土振捣不实 2. 管根局部处理不当	1. 捣实管道周围的混凝土 2. 浇筑混凝土时,不得在管道壁处停工或收头 3. 水管口部要认真除锈和清理,抹防水砂浆前,按要求在管根部剔出凹槽,用密封材料封严
	阴阳角渗漏	阴阳角防水层空鼓渗漏	将阴阳角做成圆弧形,抹压密实
水池卷材防水	接头搭接不良	1. 搭接形式、搭接长度不合要求 2. 接头处卷材不密实 3. 接头甩槎部位损伤	1. 先弹线,后铺卷材,搭接宽度长边不小于100mm,短边不小于 150mm 2. 保护接头干燥,不带入空气 3. 注意不损伤材料
	空鼓	1. 防水层中存有水分、空气 2. 卷材没压实、刷胶厚薄不均	做好基层处理,刷胶均匀,不露底、不反复涂刷;铺贴是要及时按横向顺序用力滚压,排出残存空气,做好收头施工
	管道部位渗水	施工不细致,管到外面的油污、锈迹未清除干净	1. 管道根部按要求处理 2. 彻底清除管道表面及管道根部周围的污物和锈迹

（续）

类别	项目弊病	主要原因	防治措施
水池涂膜防水	气孔、气泡	1. 基层处理不好 2. 材料搅拌方式或时间掌握不好	1. 做好基层处理 2. 选择功率大、转速不太高的电动搅拌器，容器选圆桶
	起鼓	1. 基层起皮、开裂、不干燥 2. 施工环境湿度大，通风不良	1. 处理好基层 2. 选择晴朗干燥天气施工，注意通风
	翘边	1. 基层不清洁、不干燥 2. 收头操作不细致，密封处理不当	1. 细部施工时要严格按规程操作 2. 做好排水，不带水施工
	破损	保护不当	注意成品保护，不过早上人或放置工具
管道接口	接口漏水	1. 接口断裂或活动 2. 接口处产生裂纹	1. 管沟底填平、夯实，避免管道局部受力 2. 充分养护接口，保证接口强度 3. 管子接口处留工作坑，保证下部抹口质量